看实例学暖通空调设计与识图

李志生　主编

中国建筑工业出版社

图书在版编目（CIP）数据

看实例学暖通空调设计与识图/李志生主编. —北京：中国建筑工业出版社，2014.12
ISBN 978-7-112-17197-2

Ⅰ.①看… Ⅱ.①李… Ⅲ.①房屋建筑设备-采暖设备-建筑设计②房屋建筑设备-通风设备-建筑设计③房屋建筑设备-空气调节设备-建筑设计④房屋建筑设备-采暖设备-建筑制图-识别⑤房屋建筑设备-通风设备-建筑制图-识别⑥房屋建筑设备-空气调节设备-建筑制图-识别 Ⅳ.①TU83

中国版本图书馆 CIP 数据核字（2014）第 194211 号

本书分为两篇。上篇是介绍暖通空调设计的标准规范、设计要求、设计内容、识图与绘图以及各类建筑暖通空调工程设计的原则与要点；下篇则主要以图纸的形式，给读者提供了各种类型的建筑通风空调工程的设计实例。

本书工程图纸选取简单及中等难度的工程实例，是设计院通过专家审图以后的实际工程案例出图图纸实例。其目的是能使读者能通过示例就能看懂图纸，学会设计，然后通过第一部分的说明，能深化和提高各种类型建筑的暖通空调设计。因此，本书适合本专业技术人员从事工程咨询设计、工程建设项目管理、专业技术管理的辅导用书和参考用书。

责任编辑：封　毅　张　磊
责任设计：李志立
责任校对：陈晶晶　关　健

看实例学暖通空调设计与识图

李志生　主编

*

中国建筑工业出版社出版、发行（北京西郊百万庄）
各地新华书店、建筑书店经销
霸州市顺浩图文科技发展有限公司制版
北京富生印刷厂印刷

*

开本：880×1230 毫米　横 1/8　印张：12½　字数：466 千字
2015 年 9 月第一版　2015 年 9 月第一次印刷
定价：**29.00** 元
ISBN 978-7-112-17197-2
（25986）

前　　言

本书的目的是在国家实施《民用建筑供暖通风与空气调节设计规范》（GB 50736—2012）之后，指导暖通行业设计人员入门与提高层次的实例性著作。本书以空调工程设计为主，兼顾通风、消防、供暖等工程设计。全书的安排分为两大部分。第一部分是介绍暖通空调设计的标准规范、设计要求、设计内容、识图与绘图以及各类建筑暖通空调工程设计的原则与要点；第二部分则主要以图纸的形式，给读者提供了各种类型的建筑通风空调工程的设计实例。

本书工程图纸选取简单及中等难度的工程实例，是设计院通过专家审图以后的实际工程案例出图图纸实例。其目的是使读者能通过示例就能看懂图纸，学会设计；然后通过第一部分的说明，能深化和提高各种类型建筑的暖通空调设计。因此，本书力求紧密联系工程实践，运用设计规范、标准，将暖通空调设计基本知识、绘图规范、工程特点说明等融为一体，使相关专业人员能掌握专业知识和正确运用设计规范解决工程实际问题。本书可以成为本专业技术人员从事工程咨询设计、工程建设项目管理、专业技术管理的辅导用书和参考用书。

本书全部内容由广东工业大学土木与交通工程学院（同时为广东工业大学建筑设计研究院设计师）李志生独著。广东工业大学建筑设计研究院陈海青、广东华方工程设计有限公司陈聪提供了部分图纸，在此，作者对他们表示感谢。

由于编者水平有限、精力有限、时间有限，书中难免有所错漏，不妥之处敬请各位读者批评指正，具体意见和建议可以发至 Chinaheat@163.com（李志生），我们将充分吸收读者的批评和建议，在以后的修订工作中，不断充实完善。

目　　录

上 篇

第 1 章　暖通空调工程设计规范与设计文件

1.1　暖通空调工程设计标准与规范

暖通空调工程需要遵循的标准和规范很多，涉及的规范约有 100 多个，这些规范包括从建筑、节能、消防、制图到电气、自控等各个方面。表 1-1 列出了暖通空调工程设计常用的一些标准与规范。

暖通空调工程设计常用的规范标准举例　　　　　　　　　　表 1-1

序号	标　准　名　称	标准编号	备　注
1	民用建筑供暖通风与空气调节设计规范	GB 50736—2012	适用于民用建筑
2	采暖通风与空气调节设计规范	GB 50019—2003	没有废止
3	建筑制图标准	GB/T 50104—2010	
4	通风与空调工程施工质量验收规范	GB 50243—2002	
5	建筑设计防火规范	GB 50016—2014	
6	民用建筑设计通则	GB 50352—2005	
7	智能建筑设计标准	GB/T 50314—2006	
8	高层民用建筑设计防火规范(2005 版)	GB 50045—1995	
9	房屋建筑 CAD 制图统一规则	GB/T 18112—2000	
10	公共建筑节能设计标准	GB 50189—2005	
11	暖通空调制图标准	GB/T 50114—2010	
12	绿色建筑评价标准	GB/T 50378—2006	
13	机械通风冷却塔工艺设计规范	GB/T 50392—2006	
14	锅炉房设计规范	GB 50041—2008	

此外，还有一些专门的标准，如《夏热冬暖地区居住建筑节能设计标准》JGJ 75—2012、《夏热冬冷地区居住建筑节能设计标准》JGJ 134—2010、《办公建筑设计规范》JGJ 67—2006、《人民防空地下室设计规范》GB 50038—2005 等系列规范标准。

1.2　设计原则、依据与方法

1.2.1　设计原则与设计依据

1.2.1.1　设计原则

1. 遵守暖通空调工程设计标准和规范

暖通空调工程设计的标准和规范，是暖通空调工程设计人员的"宪法"和"法律"，特别是其中的强制性条款，不得违反。这些规范，除了最基本的设计规范以外，还包括与暖通空调工程设计相关的一些规范，如建筑防火规范，也是必须遵守的设计原则。

2. 综合利用资源，满足环保和可持续的发展要求

暖通空调工程设计中，要充分利用和考虑能源、水源等资源要求，贯彻可持续发展的理念。如要采取节约能源的措施，提倡区域集中供热，重视余热利用，积极开展太阳能、地热能在暖通空调工程中的应用。在暖通空调工程设计中，要采取行之有效的措施，防止粉尘、废气、余热、噪声等对环境和周围生活区、办公区的污染。

3. 积极贯彻经济和社会发展规划的原则

经济、社会发展规划及产业政策，是国家在某一个时期的建设目标和指导方针，暖通空调工程设计必须贯彻其精神。如我国奥运会场馆的暖通空调工程设计，就大量地实践了这个原则和要求，在暖通空调工程设计

中，就采取了大量的可再生能源、能源计量等设计措施。

4. 积极采取新技术、新工艺、新材料和新设备

在暖通空调工程设计中，应广泛吸收国内外先进的科研成果和技术经验，结合我国的国情和工程实际情况，积极采用新技术、新工艺、新材料和新设备，以保证暖通空调工程设计的先进性和可靠性。

1.2.1.2　设计依据

暖通空调工程设计的依据是业主的项目建议书、国家标准和规范。如果有可能，暖通空调设计单位应积极参与项目建议书的编制，尽可能地收集齐全的设计基础资料，从而为进行多种方案的技术经济比较做好准备，使暖通空调工程设计工作质量和效率都有保证。

1.2.2　设计准备

设计师在接受设计任务后，首先应该熟悉建筑图纸与原始资料，尤其需要理解业主的需求。需要了解的工程概况和原始资料有：工程所在地的室外气象参数（位置、大气压力、室外温度、相对湿度、室外风速、主导风向）；室内设计参数；土建资料；其他资料（水源情况、电源供应等）。

然后需要查阅和收集相关资料，依据建筑特点、功能要求和特性，对设计对象选择合适的空调方式，再经过综合比较后，最后向业主推荐最科学、合理的空调方案。

1.2.3　设计方法

暖通空调工程的设计，以前主要通过手工来计算。现在，无论是负荷计算还是制图都通过计算机来完成。事实上，暖通空调工程设计的工作可以用三句话来概括：遵循设计规范；进行负荷计算；绘制设计图纸。相比于以前，现在的设计理念更加注重节能、环保，更人性化。同时，设计的效率更高，设计要求更高。

1.3　设计内容

暖通空调工程的设计包括以下几个部分：

1.3.1　进行设计计算

根据冷负荷系数法或指标估算法，计算建筑各房间、各层的冷、湿负荷，然后汇总出整个建筑的冷、湿负荷，从而确定各空调末端、空调机组和空调分区的冷、湿负荷，确定整个制冷系统的冷负荷和各制冷机组的冷负荷。确定室内气流组织形式，进行气流组织计算；进行系统风道布置及管道水力计算。

计算、确定各冷却水泵、冷冻水泵的功率、扬程、流量等；计算、确定各冷却水管、冷冻水管的管径、流速等；计算、确定各空调机组的冷量、风量等。

1.3.2　进行设备选型

根据冷量和风量确定选用空气处理设备的参数、台数等。如制冷机组的台数、参数和种类；冷却塔的台数、流量和种类；冷却泵、冷冻泵的台数、种类、扬程、流量等；分水缸、集水缸的选型等。

1.3.3　绘制设计图纸

暖通空调工程设计的成果之一就是设计图纸，设计师最终的设计意图都要通过图纸来体现。设计图纸应包括暖通空调系统图、原理图；各层的空调风管、水管平面图、系统图；各设备的大样图；机房布置平面图、剖面图、详图；施工设计总说明和主要设备材料表；以及整个设计的图纸目录等。

1.3.4　进行其他设计

如确定暖通空调系统的消声减振设计；确定暖通空调系统防排烟及保温设计；确定暖通空调系统的调试、自控方法和措施设计等。

1.4　设计步骤

暖通空调工程设计是一个比较复杂的技术工作，理论上，只要能把设计做出来就可以了，行业内并没有一个标准的设计流程。但是，由于暖通空调工程设计关联性强，特别是有时会涉及与业主、咨询方的业务联系和

设计变更，以及和建筑其他专业的配合问题，一般要把制图放在最后的步骤。暖通空调工程设计流程的科学与否，决定了设计过程能否少走弯路和少做无用功的问题。图1-1列出了暖通空调工程设计的一般步骤。因此，从事半功倍的效果来说，推荐按以下步骤来进行暖通空调工程设计。

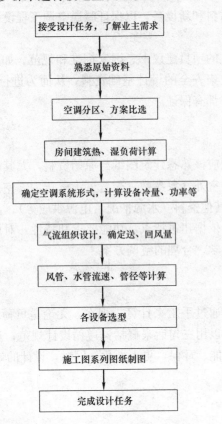

接受设计任务，了解业主需求

熟悉原始资料

空调分区、方案比选

房间建筑热、湿负荷计算

确定空调系统形式，计算设备冷量、功率等

气流组织设计，确定送、回风量

风管、水管流速、管径等计算

各设备选型

施工图系列图纸制图

完成设计任务

图1-1　暖通空调工程设计的一般步骤

1.4.1　接受设计任务，明确设计需求

设计人员在接受暖通空调设计任务以后，要和业主进行密切联系，要详细了解业主的需求。这是做好暖通空调工程设计的重要前提，也是防止以后设计反复变更和衔接不畅的关键步骤。

1.4.2　熟悉原始资料

首先要熟悉建筑的功能和应用特征，从而确定设计对象——建筑物暖通空调的设计目标。要根据设计对象所处地区，确定室外空气冬、夏设计参数；确定设计对象的建筑热工参数、在室人员数量、灯光负荷、设备负荷、工作时间段等特征参数。要搜集相关资料（中文、英文）、相关规范、参考书等，形成设计思路。

1.4.3　进行空调方案比选

在了解业主需求的基础上，根据建筑特征，结合国内外相关的设计经验和暖通空调设计案例，向业主推荐、建议最合适、最有利的空调方案。最合适的空调方案未必是最先进的方案，也未必是最成熟的方案，而是综合考虑了方案的先进性、可靠性、经济性后，经技术经济比较后最优的方案。

1.4.4　进行设计计算

进行设计计算包括以下几个方面的内容，如计算各房间、各子系统、各分区在最不利条件下的空调热、湿负荷；计算各空调设备热、湿负荷以及送风温差；计算确定冬、夏送风状态和送风量；根据设计对象的工作环境要求，计算确定最小新风量；确定空调系统形式；进行气流组织设计，根据送、回风量，确定送、回风口形式；布置空调风管道，进行风道系统设计计算，确定管径、阻力等；布置空调水管道，进行水管路的水力计算，确定管径、阻力等。在进行设计计算时，可以使用一些专门的负荷设计软件，也可以用制图设计软件的负荷计算功能进行计算。

1.4.5　进行设备选型

在进行负荷计算后，就可以根据计算结果进行设备选型了。主要是确定空调系统的空气处理方案以及空气

处理设备的容量；确定风机和水泵的流量、风压（扬程）及型号；确定冷却塔的风量、功率、容量等；根据空气处理设备的容量确定冷源（制冷机）或热源（锅炉）的容量及水量、功率等。

1.4.6　施工图制图

施工图制图是暖通空调工程设计的最重要内容之一。设计时，最重要的是要遵守设计规范。关于施工图制图的要点和注意事项，后面的章节会进行详细的论述。

要做好暖通空调工程设计工作，一要熟悉规范；二要讲究制图技巧和经验；三要有全局观念，最好从宏观到微观，先整体后局部把握设计工作；四要注意与业主和其他专业配合，因为暖通空调工程设计的一些管井可能需要公用，线路、管线、管路可能会重叠、交叉、冲突，因此需要和其他专业进行配合和协调，另外，有时业主会进行设计变更，这是加大设计工作量的原因。

1.5　设计文件

暖通空调工程的设计文件包括方案设计文件和施工图设计文件。对于方案设计文件，应满足编制初步设计文件的需要。对于施工图设计文件，应满足设备材料采购、非标准设备制作和施工的需要。对于将项目分别发包给几个设计单位或实施设计分包的情况，设计文件相互关联处的深度应满足各承包或分包单位设计的需要。

1.5.1　初步设计或方案设计阶段

根据《基本建设设计工作管理暂行办法》的规定，设计阶段可根据建设项目的复杂程度而定。一般建设项目的工程设计可以按初步设计和施工图设计两阶段进行。而技术复杂的建设项目，要按照初步设计、方案设计和施工图设计三个阶段来进行。初步设计应包括有关文字说明和图纸：设计依据、主要设备选型、新技术应用情况等。初步设计应达到设计方案的比选和确定、主要设备材料订货、投资的控制、施工招标文件的编制等要求。

1.5.2　施工图设计阶段

本章重点论述施工图设计文件。施工图设计文件包括：

（1）合同要求所涉及的所有专业的设计图纸（含图纸目录、说明和必要的设备、材料表）以及图纸总封面；对于暖通空调工程设计，设计说明中还应有建筑节能设计的内容。

（2）合同要求的工程预算书。

（3）暖通空调工程设计计算书。计算书不属于必须交付的设计文件，但应按规定要求编制并归档保存。

在施工图设计阶段，暖通空调工程设计文件应包括图纸目录、设计说明和施工说明、设备表、设计图纸、计算书。

图纸目录应先列新绘图纸，后列选用的标准图或重复利用图。

设计说明应简述工程建设地点、规模、使用功能、层数、建筑高度等；列出设计依据，说明设计范围；说明空调室内外设计参数；说明冷源设置情况，冷媒及冷却水参数等；说明各空调区域的空调方式，空调风系统及必要的气流组织说明等；说明空调水系统设备配置形式和水系统制式，系统平衡、调节手段，洁净空调净化级别，监测与控制要求；有自动监控时，确定各系统自动监控原则（就地或集中监控），说明系统的使用操作要点等；说明通风系统形式，通风量或换气次数，通风系统风量平衡等；说明设置防排烟的区域及其方式，防排烟系统及其设施配置、风量确定、控制方式，暖通空调系统的防火措施；说明设备降噪、减振要求，管道和风道减振做法要求，废气排放处理等环保措施；说明在节能设计条款中阐述设计采用的节能措施等。

施工说明应包括设计中使用的管道、风道、保温等材料选型及做法；应有设备表和图例，没有列出或没有标明性能参数的仪表、管道附件等的选型等；应说明系统工作压力和试压要求；应说明图中尺寸、标高的标注方法；以及施工安装要求及注意事项，采用的标准图集、施工及验收依据等。

其他关于施工图制图的要求在后面的章节专门论述。

暖通空调工程设计文件还应包括总封面标识，其内容如下：

（1）项目名称；

（2）设计单位名称；

（3）项目的设计编号；

（4）编制单位法定代表人、技术总负责人和项目总负责人的姓名及其签字或授权盖章；

（5）设计日期（即设计文件交付日期）。

1.5.3 设计文件的审批与修改

1.5.3.1 设计文件的审批

暖通空调工程设计文件的审批，实行分级管理、分级审批。按照我国的规定，施工图设计除主管部门规定要审批的外，一般不再审批。设计单位要对施工图的质量负责，并向生产、施工单位进行技术交底，听取意见。

1.5.3.2 设计文件的修改

设计文件是工程建设的主要依据，经批准后，就具有一定的严肃性，不得任意修改和变更。如果要变更和修改，则必须经有关单位批准。施工图的修改，必须经原设计单位的同意。建设单位、施工单位、监理单位都无权单方面修改设计文件。不过随着我国政府职能的转变，我国的设计文件审批和修改必将进一步改革，政府对设计文件的审批内容将侧重于宏观、规划、安全、环保和职业卫生等内容，其他内容由建设单位进行自行审查将是发展的趋势。

第2章　暖通空调工程设计深度要求与审图

一项暖通空调工程设计，由于工程复杂，涉及的规范、条例众多，加之工程图纸繁杂，不可避免地存在某些错误。即使是暖通空调工程设计没有错误，但是，暖通空调工程设计牵涉到建筑设计及其他专业的变更或公用管井、空间等问题，需要和其他专业设计进行协调，所以，也要进行设计审查。本章主要介绍暖通空调工程设计深度要求、施工图审查要点以及工程设计中的常见错误。

2.1　暖通空调工程设计深度要求

2.1.1　暖通空调工程设计与审查主要标准与规范

暖通空调工程设计涉及的标准、规范有几十个，这些标准与规范包括设计、施工、制图、验收及建筑等各个方面。从专业角度来分，涉及建筑、消防、节能、净化、控制、隔振等各个领域。表2-1列出了暖通空调工程设计常用的主要标准与规范。

暖通空调工程设计常用的主要标准与规范　　　　表2-1

序号	标准名称	标准编号	实施日期	原标准
1	采暖通风与空气调节设计规范	GBJ 50019—2003	2004年4月1日	GBJ 19—1987
2	房屋建筑制图统一标准	GB/T 50001—2010	2011年3月1日	GB/T 50001—2001
3	暖通空调制图标准	GB/T 50114—2010	2011年3月1日	GBJ/T 50114—2001
4	高层民用建筑设计防火规范(2005版)	GB 50045—1995	1995年11月1日	GBJ 45—1982
5	公共建筑节能设计标准	GB 50189—2005	2005年7月1日	原《旅游旅馆建筑热工与空气调节能设计标准》GB 50189—1993
6	洁净厂房设计规范	GB 50073—2013	2013年9月1日	GB 50013—2001
7	民用建筑设计通则	GB 50352—2005	2005年7月1日	JGJ 37—1987
8	体育建筑设计规范	JGJ 31—2003	2003年10月1日	—
9	铁路旅客车站建筑设计规范(2011年版)	GB 50226—2007	2007年12月1日	GB 50226—1995
10	医院洁净手术部建筑技术规范	GB 50333—2013	2014年6月1日	GB 50333—2002
11	绿色建筑评价标准	GB/T 50378—2006	2006年6月1日	—
12	电影院建筑设计规范	JGJ 58—2008	2008年8月1日	JGJ 58—1988
13	地铁设计规范	GB 50157—2013	2014年5月1日	GB 50157—2003
14	办公建筑设计规范	JGJ 67—2006	2007年5月1日	JGJ 67—1989
15	建筑工程设计文件编制深度规定	2008年版	2009年1月1日	2003年版
16	民用建筑供暖通风与空气调节设计规范	GB 50736—2012	2012年10月1日	—

注："—"表示没有原规范与之对应。

值得注意的是，进入21世纪，人类对室内环境和建筑节能越来越重视，新的规范对这些以前没有涉及的地方进行了明确的要求，或者以前的规范虽然有要求，新的规范则把这些要求变更为强制性要求。此外，基本上每种建筑都有一个设计要求，如地铁、办公建筑、医院、体育馆、博物馆等。

2.1.2　暖通空调工程设计要求与深度

暖通空调工程设计要求与深度要符合《建筑工程设计文件编制深度规定》(2008年版)中关于空调、通风设计的规定，2008年版的规定与2003年版的规定相比有了一些新的变化，如：增加了建筑节能设计内容要求，对暖通空调工程设计的设计文件和计算书深度有了新的要求。根据工程建设项目在审批、施工等方面对设计文件深度要求的变化，对原规定中大部分条文做了修改，使之更加适用于目前的工程项目设计，尤其是民用建筑工程项目设计。

2.1.2.1　暖通空调工程设计深度总的要求与原则

暖通空调工程设计要坚持质量第一的要求与原则，必须符合国家有关法律法规和现行工程建设标准规范的规定，贯彻实施《建设工程质量管理条例》(国务院第279号令)和《建设工程勘察设计管理条例》(国务院第293号令)，对其中工程建设强制性标准必须严格执行，如关于建筑节能方面的要求。

在进行暖通空调工程设计时，要因地制宜正确选用国家、行业和地方标准(如有些省份有地方标准)，并在设计文件的图纸目录或施工图设计说明中注明所应用图集的名称。对于重复利用其他工程的图纸时，应详细了解原图利用的条件和内容，并作必要的核算和修改，以满足新设计项目的需要。当设计合同对设计文件编制

深度另有要求时，设计文件编制深度应同时满足本规定和设计合同的要求。

值得注意的是，《建筑工程设计文件编制深度规定》(2008年版)中关于空调、通风设计的规定仅适用于报批方案设计文件编制深度。对于投标方案设计文件的编制深度，应执行住房和城乡建设部颁发的相关规定。

2.1.2.2　暖通空调工程设计深度具体要求

民用建筑暖通空调工程设计一般应分为方案设计、初步设计和施工图设计三个阶段；对于技术要求相对简单的民用建筑工程，经有关主管部门同意，且合同中没有做初步设计的约定，可在方案设计审批后直接进入施工图设计。

1. 方案设计阶段

暖通空调工程方案设计阶段的文件，应满足编制初步设计文件的需要。暖通空调工程设计说明书，应包括设计说明以及投资估算等内容。对于涉及建筑节能设计的内容，设计说明应有建筑节能设计专门内容。

在方案设计阶段，暖通空调工程设计说明应说明的内容有：

(1) 工程概况及采暖通风和空气调节设计范围；

(2) 采暖、空气调节的室内设计参数及设计标准；

(3) 冷、热负荷的估算数据；

(4) 空气调节的冷源、热源选择及其参数；

(5) 采暖、空气调节的系统形式，简述控制方式；

(6) 通风系统简述；

(7) 防排烟系统及暖通空调系统的防火措施简述；

(8) 节能设计要点；

(9) 废气排放处理和降噪、减振等环保措施；

(10) 需要说明的其他问题。

2. 初步设计阶段

(1) 一般要求

对于初步设计阶段，总的要求是设计文件要满足编制施工图设计文件的需要。设计说明书，要包括暖通空调工程设计说明，简述空调工程的设计特点和系统组成，以及采用新技术、新材料、新设备和新结构的情况。如果有建筑节能设计的内容，则应在设计说明中写明建筑节能设计的专项内容。除小型、简单工程外，初步设计还应包括设计图纸、设备表及计算书。

(2) 设计说明书

暖通空调工程初步设计阶段对设计说明书的深度要求是：

1) 设计依据。要说明与本专业有关的批准文件和建设单位提出的符合有关法规、标准的要求；本专业设计所执行的主要法规和所采用的主要标准(包括标准的名称、编号、年号和版本号)；其他专业提供的设计资料等。

2) 要简述工程建设地点、规模、使用功能、层数、建筑高度等。

3) 设计范围。根据设计任务书和有关设计资料，说明本专业设计的内容、范围以及与有关专业的设计分工。

4) 设计计算参数。如室外空气计算参数；室内空气设计参数。

5) 空调的基本情况。如空调冷、热负荷的大小；空调系统冷源及冷媒选择，冷水、冷却水参数；空调系统热源供给方式及参数；各空调区域的空调方式，空调风系统简述，必要的气流组织说明；空调水系统设备配置形式和水系统制式，系统平衡、调节手段；洁净空调注明净化级别；监测与控制简述；管道材料及保温材料的选择。

6) 通风。设置通风的区域及通风系统形式；通风量或换气次数；通风系统设备选择和风量平衡；防排烟及暖通空调系统的防火措施(如简述设置防排烟的区域及方式、防排烟系统风量确定、防排烟系统及设施配置、暖通空调系统的防火措施等)；暖通空调系统控制方式简述。

7) 节能设计。按节能设计要求采用的各项节能措施。如节能措施，包括计量、调节装置的配备、全空气空调系统加大新风比数据、热回收装置的设置、选用的制冷和供热设备的性能系数或热效率(不低于节能标准要求)、变风量或变水量设计等；节能设计除满足现行国家节能标准的要求外，还应满足工程所在省、市现行地方节能标准的要求。

8) 废气排放处理和降噪、减振等环保措施。

9) 需提请在设计审批时解决或确定的主要问题。

（3）设备表

在初步设计阶段，要列出主要设备的名称、性能参数、数量等。见表2-2。

暖通空调工程初步设计阶段主要设备 表2-2

设备编号	名称	性能参数	单位	数量	安装位置	服务区域	备注
1							
2							
…							

（4）设计图纸

1）采暖通风与空气调节初步设计图纸一般包括图例、系统流程图、主要平面图。各种管道、风道可绘单线图。

2）系统流程图包括冷热源系统、采暖系统、空调水系统、通风及空调风路系统、防排烟系统等的流程。应表示系统服务区域名称、设备和主要管道、风道所在区域和楼层，标注设备编号、主要风道尺寸和水管干管管径，表示系统主要附件、建筑楼层编号及标高。不过，当通风及空调风道系统、防排烟系统等跨越楼层不多、系统简单，且在平面图中可较完整地表示系统时，可只绘制平面图，不绘制系统流程图。

3）通风、空调、防排烟平面图。绘出设备位置、风道和管道走向、风口位置，大型复杂工程还应标注出主要干管控制标高和管径，管道交叉复杂处需绘制局部剖面。

4）冷热源机房平面图。绘出主要设备位置、管道走向。标注设备编号等。

5）计算书。对于采暖通风与空调工程的热负荷、冷负荷、风量、空调冷热水量、冷却水量及主要设备的选择，应做初步计算。

6）机电设备及安装工程由建筑电气、给水排水、采暖通风与空气调节、热能动力等专业组成，因此要做暖通空调工程的设备及安装、计价概算书。

3. 施工图设计阶段

（1）总的要求

暖通空调工程施工图设计阶段的文件应满足设备材料采购、非标准设备制作和施工的需要。在施工图设计阶段，采暖通风与空气调节专业设计文件应包括图纸目录、设计说明和施工说明、图例、设备表、设计图纸、计算书。图纸目录应先列新绘图纸，后列选用的标准图或重复利用图。施工图设计阶段性能参数栏应注明详细的技术数据。对于涉及建筑节能设计的地方，其设计说明应有建筑节能设计的专项内容。当暖通空调工程设计的内容分别由两个或两个以上的单位承担设计时，应明确交接配合的设计分工范围。

（2）设计说明和施工说明

1）设计说明

设计说明应包括以下内容：

① 简述工程建设地点、规模、使用功能、层数、建筑高度等；

② 列出设计依据，内容与初步设计阶段一样，说明设计范围；

③ 暖通空调室内外设计参数；

④ 热源、冷源设置情况，热媒、冷媒及冷却水参数，采暖热负荷、折合耗热量指标及系统总阻力，空调冷热负荷、折合冷热量指标，系统水处理方式、补水定压方式、定比值（气压罐定压时注明工作压力值）等；

⑤ 设置采暖的房间的采暖系统形式，热计量及室温控制，系统平衡、调节手段等；

⑥ 各空调区域的空调方式，空调风系统及必要的气流组织说明，空调水系统设备配置形式和水系统制式，系统平衡、调节手段，洁净空调净化级别，监测与控制要求；有自动监控时，确定各系统自动监控原则（就地或集中监控），说明系统的使用操作要点等；

⑦ 通风系统形式，通风量或换气次数，通风系统风量平衡等；

⑧ 设置防排烟的区域及其方式，防排烟系统及其设施配置、风量确定、控制方式，暖通空调系统的防火措施；

⑨ 设备降噪、减振要求，管道和风道减振做法要求，废气排放处理等环保措施；

⑩ 在节能设计条款中阐述设计采用的节能措施，包括有关节能标准、规范中强制性条文和以"必须"、"应"等规范用语规定的非强制性条文提出的要求。

2）施工说明

施工说明应包括以下内容：

① 设计中使用的管道、风道、保温等材料选型及做法；

② 设备表和图例没有列出或没有标明性能参数的仪表、管道附件等的选型；

③ 系统工作压力和试压要求；

④ 图中尺寸、标高的标注方法；

⑤ 施工安装要求及注意事项，大型设备如制冷机组、锅炉安装要求；

⑥ 采用的标准图集、施工及验收依据。

（3）平面图

暖通空调工程设计的图纸是最重要的文件之一，平面图必须绘出建筑轮廓、主要轴线号、轴线尺寸、室内外地面标高、房间名称，底层平面图上绘出指北针。通风、空调、防排烟风道平面用双线绘出风道，标注风道尺寸（圆形风道注管径、矩形风道注宽×高），主要风道定位尺寸、标高及风口尺寸，各种设备及风口安装的定位尺寸和编号，消声器、调节阀、防火阀等各种部件位置，标注风口设计风量（当区域内各风口设计风量相同时也可按区域标注设计风量）。风道平面应表示出防火分区，排烟风道平面还应表示出防烟分区。空调管道平面单线绘出空调冷热水、冷媒、冷凝水等管道，绘出立管位置和编号，绘出管道的阀门、放气、泄水、固定支架、伸缩器等，注明管道管径、标高及主要定位尺寸。需另做二次装修的房间或区域，可按常规进行设计，风道可绘制单线图，不标注详细定位尺寸，并注明按配合装修设计图施工。

（4）机房平面图和剖面图

通风、空调、制冷机房图应根据需要增大比例，绘出通风、空调、制冷设备（如冷水机组、新风机组、空调器、冷热水泵、冷却水泵、通风机、消声器、水箱等）的轮廓位置及编号，注明设备外形尺寸和基础距离墙或轴线的尺寸。要绘出连接设备的风道、管道及走向，注明尺寸和定位尺寸、管径、标高，并绘制管道附件（各种仪表、阀门、柔性短管、过滤器等）。

当平面图不能表达复杂管道、风道相对关系及竖向位置时，应绘制剖面图。剖面图应绘出对应于机房平面图的设备、设备基础、管道和附件，注明设备和附件编号以及详图索引编号，标注竖向尺寸和标高；当平面图中设备、风道、管道等尺寸和定位尺寸标注不清时，应在剖面图中标注。

（5）系统图、立管或竖风道图

暖通空调工程设计的系统图、立管或竖风道图主要是冷热源系统、空调水系统及复杂的平面图表达不清的风系统应绘制（或绘制系统流程图）。系统流程图应绘出设备、阀门、计量和现场观测仪表、配件，标注介质流向、管径及设备编号。流程图可不按比例绘制，但管路分支及与设备的连接顺序应与平面图相符。

空调冷热水分支水路采用竖向输送时，应绘制立管图并编号，注明管径、标高及所接设备编号。空调冷热水立管图应标注伸缩器、固定支架的位置。空调、制冷系统有自动监控时，宜绘制控制原理图，图中以图例绘出设备、传感器及执行器位置；说明控制要求和必要的控制参数。对于层数较多、分段加压、分段排烟或中途竖井转换的防排烟系统，或平面表达不清竖向关系的风系统，应绘制系统示意或竖风道图。

（6）通风、空调剖面图和详图

暖通空调工程施工图设计阶段，风道或管道与设备连接交叉复杂的部位，应绘剖面图或局部剖面。对剖面图，应绘出风道、管道、风门、设备等与建筑梁、板、柱及地面的尺寸关系，注明风道、管道、风口等的尺寸和标高，气流方向及详图索引编号。

通风、空调、制冷系统的各种设备及零部件施工安装，应注明采用的标准图、通用图的图名图号。凡无现成图纸可选，且需要交待设计意图的，均需绘制详图。简单的详图，可就图引出，绘制局部详图。

（7）计算书

暖通空调工程施工图设计阶段的计算书深度要求是：

采用计算程序计算时，计算书应注明软件名称，打印出相应的简图、输入数据和计算结果。暖通空调工程设计计算书应包括以下内容：

1）空调冷热负荷计算（冷负荷按逐项逐时计算）；

2）空调系统末端设备及附件（包括空气处理机组、新风机组、风机盘管、变制冷剂流量室内机、变风量末端装置、空气热回收装置、消声器等）的选择计算；

3）空调冷热水、冷却水系统的水力计算；

4）风系统阻力计算；

5）必要的气流组织设计与计算；

6）空调系统的冷（热）水机组、冷（热）水泵、冷却水泵、定压补水设备、冷却塔、水箱、水池等设备的选择计算；

7）通风、防排烟设计计算，应包括通风、防排烟风量计算；通风、防排烟系统阻力计算；通风、防排烟系统设备选型计算；

8) 必须有满足工程所在省、市有关部门要求的节能设计计算内容。

2.2 暖通空调工程设计审查要点

2.2.1 暖通空调工程设计审查的原则

根据《建设工程质量管理条例》和《建设工程勘察设计管理条例》，原建设部在"建质［2003］2号"制定了《建筑工程施工图设计文件审查要点》，暖通空调工程设计文件（以下简称施工图）审查要点即包含于这个审查要点之中。该审查要点对暖通空调工程设计技术性审查涉及的标准规范、审查内容、审查原则、审查要求做出了明确的规定，特别是对施工图中涉及公共利益、公众安全、工程建设强制性标准的内容审查进行了具体规定。此外，各省、自治区、直辖市人民政府建设行政主管部门根据本地的具体情况也做出了适合本地实际的补充规定。暖通空调工程设计施工图总的审查要点是：是否符合《工程建设标准强制性条文》和其他有关工程建设强制性标准；是否符合公众利益；施工图是否达到规定的设计深度要求；是否符合作为设计依据的政府有关部门的批准文件要求。作为暖通空调工程设计人员，如果能够明确施工图审查要点，无疑能够在设计阶段抓住重点、规范操作，同时又能保证设计质量。

2.2.2 暖通空调工程审查要点

暖通空调工程设计审查的要点及审查项目见表2-3。

暖通空调工程设计审查要点及审查项目 表2-3

序号	审查项目	审查要点
1	强制性条文	《工程建设标准强制性条文》（房屋建筑部分）采暖通风与空气调节设计规范强制性条文
2	设计依据	设计采用的设计标准、规范是否正确,是否为有效版本
3	基础资料	当地资料、室外气象资料及业主要求
4	室内设计标准	设计采用的室外气象参数等基础资料是否正确可靠
5	建筑热工计算	居住建筑、公共建筑的围护结构应满足《民用建筑节能设计标准(采暖居住建筑部分)》及气候区节能的要求和各地区相关细则
6	防排烟	《建筑设计防火规范》GB 50016—2006
7	高层建筑	《高层民用建筑设计防火规范》
8	特殊建筑	符合人防地下室、地下汽车库、洁净厂房、饮食建筑等关于暖通空调设计的相关规范
9	施工图的设计深度	是否符合《建筑工程设计文件编制深度规定》
10	设计说明	见下文说明
11	平面图、系统图、剖面图等	见下文说明
12	设备表	见下文说明

2.2.3 暖通空调工程设计审图的主要内容

要审查暖通空调工程设计是否符合国家有关技术政策和标准规范及《建筑工程设计文件编制深度规定》。图纸资料是否齐全，能否满足施工需要。设计意图、工程特点、设备设施及其控制工艺流程、工艺要求是否明确。

2.2.3.1 暖通空调工程设计、施工说明

暖通空调工程设计、施工说明中，审查的主要内容是：

（1）设计说明应说明明确的设计依据、设计范围，应简单叙述建筑概况和空调概况，如建筑所在位置、建筑面积、空调面积等。

（2）是否有室内外设计参数，设计标准的说明。

（3）是否有空调、冷热源及其参数的说明。

（4）是否有空调总冷热负荷的说明。

（5）是否有空调系统形式及控制要求的说明。

（6）是否有消防排烟设置的说明。

（7）是否有人防工程平战用途以及平时采暖、通风、防排烟和战时清洁及过滤式通风设置及其运行转换的说明。

（8）是否有关于环保和节能设计的说明。如通风和空气调节系统产生的噪声，当自然衰减不能达到允许的

噪声标准时，应设置消声器或采取其他消声措施。当通风、空气调节和制冷装置的振动靠自然衰减不能达到允许程度时，应设置隔振器或采取其他隔振措施。

（9）有关施工安装特殊要求的说明。如穿过建筑物基础、变形缝的采暖管道，以及埋设在建筑结构里的立管，应采取预防由于建筑物下沉而损坏管道的措施。管道、设备的防隔振、消声、防膨胀、防伸缩沉降、防污染、防露、防冻、放气泄水、固定、保温、检查、维护等是否采取有效合理的措施。对固定、防振、保温、防腐、隔热部位及采用的方法、材料、施工技术要求及漆色规定是否明确。

（10）是否有暖通空调控制、调试的措施。各个空调系统扼要的叙述，管道敷设、管道试压、调试顺序等内容。如空气调节系统的电加热器应与送风机连锁，并应设无风断电保护，设置电加热器的金属风管应接地。

2.2.3.2 空调平面图

（1）空调平面图风管布置是否合理、科学，送风、回风、新风是否符合气流组织原则，是否结合了建筑的功能和使用特点。有关管道编号、设备型号是否完整无误。有关部位的标高、坡度、坐标位置是否正确。材料名称、规格型号、数量是否正确完整。

（2）通风、空调平面是否绘出设备、风管平面位置及其定位尺寸，是否标注了设备编号、设备参数和设备名称，是否绘出了消声器、阀门、风口等部件位置。管道安装位置是否美观和使用方便。风管是否注明了风管尺寸，无系统或剖面图时是否注明了标高。

（3）各平面图尺寸标注是否符合规范，字体、字号是否清楚、合适。各层空调平面图是否标出了图名、图例。

（4）机房平面图中水泵、制冷机组、管路是否布置合理科学，是否留出了足够的空间以便将来维修。

（5）冷冻水管是否标注了管径，冷凝水的排泄是否坚持了就近原则。

2.2.3.3 系统图、剖面图

（1）是否注明设备、管道的标高及其与地面和土建梁柱关系尺寸。

（2）是否说明通风、空调设备接管尺寸及标高。

（3）空调水系统是否注明管道及其部件的管径、标高、坡度、坡向等，是否注明制冷设备名称或编号、安装高度及其接口等。

（4）通风、空调风系统图是否注明风管尺寸和标高、设备名称或编号及其安装高度，是否注明消声器、阀门风口位置、规格尺寸和安装高度。

（5）剖面图的位置是否合理，剖面图是否清楚地表达了位置关系。

2.2.3.4 消防及防排烟

主要审查暖通空调工程设计是否符合《建筑防火设计规范》GB 50016—2006中关于暖通空调的要求规定以及是否符合《高层民用建筑设计防火规范》（2005版）GB 50045—1995的相关要求规定。如建筑防火分区、防烟分区的面积是否合理，需要采取机械排烟与机械防烟的场所是否设计了足够应对措施。如应设置机械排烟措施的地下室、走廊、中庭、无窗房间、相关场所是否设置了排烟机械，排烟风管的走向是否合理，排烟量是否足够，排烟风机的设置是否符合要求。

机械防烟方面的审查，主要审查高层建筑需要正压送风防烟的措施和要求，如防烟楼梯间送风余压值不应小于50Pa，前室或合用前室送风余压值不应小于25Pa。防烟楼梯间的机械加压送风量不应小于25000m³/h。当防烟楼梯间与前室或合用前室分别送风时，防烟楼梯间的送风量不应小于16000m³/h，前室或合用前室的送风量不应小于12000m³/h。

此外，各消防排烟风机的耐热时间和温度是否符合要求，防火阀、排烟阀等布置方向是否正确，动作温度是否正确，控制、连锁切换是否正确。风管穿越防火分区的措施，如通风、净化空调系统的风管在下列位置是否设置防火阀：风管穿越防火分区的隔墙处，穿越变形缝的防火墙的两侧；风管穿越通风、空气调节机房的隔墙和楼板处；垂直风管与每层水平风管交接的水平管段上。

2.2.3.5 建筑节能

对涉及建筑节能的部分，主要审查用能系统是否注明了相关内容和采取了相关措施。如对全装修或者集中供冷供热的新建住宅建筑，应当注明用能设备和设施的情况。户式（分散式）空调要注明设备能效比、性能系数和使用保护要求。集中式采暖空调冷水（热泵）机组类型、单台额定制冷量；热源类型、单台额定制热量、热效率；空调机组类型、能效比、性能参数和使用保护要求。利用了可再生能源的系统应当注明的内容，如太阳能热水系统的集热器面积、集热器形式（如：平板式、真空管式、热管式）、热水器容积、辅助加热形式（电、燃气）和使用保护要求。空气热泵热水系统的产品规格（型号）、主要技术参数和使用保护要求。

2.2.3.6 设备表

审查其是否按《建筑工程质量管理条例》第二十二条的要求注明设备规格、型号、性能等技术参数和数

量。不得指定生产厂或供应商。不得使用淘汰产品。各主要设备、材料表中的水泵、制冷机组、空调末端设备、冷却塔等的数量、型号、规格、参数等是否明确。主要保温、防腐材料等是否列出，风管中是否采用了易燃材料等。

2.2.3.7 特殊要求

1. 各专业设计相互之间的关系

(1) 各用电设备的位置与供水（电）及控制位置、容量是否匹配，零配件及控制设备能否满足要求。

(2) 电气线路、管道、通风、空调的敷设位置和走向相互之间有无干扰，埋地管道或管道沟与电缆沟之间有无矛盾。

(3) 连接设备的电气线路、控制线路、管（水、油、气）路与设备的进线接管位置是否相符。

(4) 水、电、气、风管道或线路在安装施工中的衔接部位和施工顺序是否明确。

(5) 管道井的内部布置是否合理，进出管路有无矛盾。

(6) 各工种安装、调试、试车、试压的配合关系是否明确，有无互相影响。

2. 空调、通风管道安装与建筑结构的关系

(1) 预留、预埋位置与安装实际需要是否相符。

(2) 设备基础位置、尺寸、标高是否满足管道敷设的需要。

(3) 管道沟位置、尺寸、标高是否满足管道敷设的需要。

(4) 建筑标高基准点和放线基准位置是否明确。

(5) 风管、水管敷设位置与建筑、结构标高、位置尺寸等有无矛盾。

(6) 有关建筑设计如主体结构、墙体结构、门窗位置、吊顶结构、内外装修材料等与空调、通风设备、管道安装有无矛盾。

2.2.4 暖通空调工程设计审查注意事项

暖通空调工程设计图纸审查是工程设计质量控制体系中的一个重要环节，它对提高设计质量和水平具有重要意义。为了提高审查工作质量，目前我国建筑工程设计的审查层次较多，工程设计文件通常需要经过校对、专业负责人、审核、审定、院审和院外的施工图审查这六级审查。近年来，我国在建筑设计行业设立了施工图审查制度，增加了一个校审层次，这对提高建筑工程设计质量起到了有益的作用，但也增加了工程的费用和周期，因此这是针对设计院总体设计校审质量不高状况所采取的无奈之举。近年来，随着建筑行业和暖通空调技术的快速发展、对室内环境和节能环保的要求不断提高，新的设计方案和设计方法不断出现，这也给暖通空调工程设计审查工作带来了一些新问题，结合暖通空调设计技术的发展，对暖通专业设计图纸审查工作中需要注意的一些问题进行分析，以便提高暖通空调工程设计的质量，提高暖通空调工程审查的效率。

(1) 审图要从宏观到微观，从大到小，先看是否符合相关政策、强制性规范和其他专业的配合协调，再看暖通空调设计的细节和局部。先看空调设计、施工说明，再看各平面图，先看图名、图例，再看设备、材料。

(2) 审查时，主要看平面图和系统图。图 2-1 说明了审图的一般顺序。

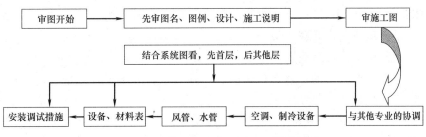

图 2-1 暖通空调工程设计审图的一般顺序

2.2.4.1 坚持规范、原则与技术创新的问题

暖通空调工程设计审查的依据是国家相关的法律、法规和标准规范，因此，要根据实用、科学、合理、节能的原则，实事求是地进行审查。有些业主可能并不懂建筑规范和节能要求，或者说出于某些目的有意违反设计规范，这时就不能迁就业主，放弃原则审查，这种情况，在某些公共建筑中，特别是行政机关中的暖通空调设计审查比较常见。某些工程设计人员，出于某些原因，会特别注意处长、局长等办公室的空调设计参数，而对普通办公室或普通房间的设计就没有那么讲究了。再如，在暖通空调工程设计中进行设备选型时，同一种设备可以有进口产品、国内合资产品、国内大厂的产品、乡镇小厂的产品等不同档次、不同品牌的产品，它们的价格和可靠性通常是不同的。应根据工程的具体要求和重要性，综合考虑产品性能和价格等因素来选择合适的产品，重要工程和重要设备应选择可靠性较高的产品。

当然，也要正确处理设计创新与设计规范的矛盾。近年来，暖通空调技术的发展速度很快，新的技术方案不断涌现，设计规范更新的速度往往赶不上技术发展的速度，一些设计规范处于相对滞后状态。因此暖通空调工程设计审查也应处理好技术进步与执行现行设计规范的矛盾，不能教条地采用设计规范的条文来限制设计创新和技术进步，应给设计创新创造一个比较宽松的环境，否则将背离校审初衷，阻碍设计质量和水平的提高。但对突破设计规范的情况应持慎重态度，应重点审查技术创新是否经过深入研究和技术经济性论证，依据是否充分、采用的新技术是否可行可靠，具体设计条件是否符合新技术的适用条件等。

2.2.4.2 设计方案的问题

暖通空调工程设计方案的好坏直接关系到暖通空调工程设计的可行性、经济性、可操作性、可维护性、美观性等性能指标，也会对初期投资、运行费用、室内环境等产生非常大的影响，因此，暖通空调工程设计方案对设计质量和水平的影响很大，一旦方案确定，在设计后期对设计方案进行修改的难度和工作量很大，因此校审应加强对设计方案的前期审查，加强对设计全过程的控制。理论上讲，一个设计方案只要不违反相关规范的强制性条文规定就可以，但是，每种技术方案往往都有各自的优缺点，都有其最佳的使用条件，因此应根据具体的设计条件，通过综合技术经济性比较论证来确定最合适的设计方案。例如：风管的走向是否合理？气流组织是否科学？是否将业主的需求和国家的相关规定进行了完美的结合？

2.2.4.3 图纸审查与工程计算的问题

暖通空调工程设计审查，主要是对施工图纸进行审查，但这并不是计算书就不要进行审查，当前，很多审查单位往往注重于图纸的审查而忽视计算书的审查，造成很多暖通空调工程设计参数过大，计算过于保守，浪费了初投资，也增大了运行的成本。设计计算不仅直接关系到暖通空调系统性能能否达到设计要求，而且直接关系到其投资和能耗的多少，因此它是暖通空调设计的一个重要环节，新修订的暖通空调设计规范也加强了对设计计算的要求，要求在施工图设计阶段，空调负荷计算应按逐时计算法进行详细计算，并将其作为强制性条文。要坚决纠正空调负荷按面积估算的不正确做法，以及过于强调冗余的保守设计。随着对能源和环保问题的日益重视，暖通空调面临的节能压力越来越大，季节运行能效特性将成为确定设计方案和设备选型的重要依据，因此采用全工况模拟计算分析的方法或考虑季节变化特性的多点设计法，取代冬季、夏季设计工况的两点设计法，这将是今后的发展方向。

2.2.5 提高暖通空调工程设计审查质量的途径

2.2.5.1 建立和健全优秀的审查队伍

要提高暖通空调工程设计审查质量，第一要素是要有一支高素质的专业审查队伍和优秀的审查人员。所谓高素质的审查人员，就是要有比较扎实的建筑环境与设备工程专业知识、有一定的设计工作经验、对相关法律法规和设计规范非常熟悉、对新技术比较了解、在工作上敬业爱岗、具有宽阔视野的各方面综合知识和协调能力的人员。此外，还要能够坚持实事求是、坚持原则，不能顾及情面、怕得罪人。

2.2.5.2 建立合理的审查制度和机制

建立合理的审查制度和机制是提高暖通空调工程设计的根本保证。如建立比较标准、规范的审查制度和可操作的工作细则、建立相应的审查奖惩制度等，使暖通空调设计的审查有标准化的程序和流程。设计与审查工作中经常会出现一些不同的意见和争议，如何处理设计负责制与审查监督权的矛盾是目前实际工作中经常遇到的问题。应建立合理的审查争议解决程序和方法。

2.2.5.3 加强建筑设计各专业之间协调问题的审查

由于暖通空调工程设计常常牵涉到建筑设计的其他专业，例如一些管井需要各专业共用。而实际中，对专业协调问题的审查是校审工作的弱项。因此，在设计中，应对重要问题的协调情况进行记录和备份，并提交审查，审查应对专业协调要点进行讯问和检查，避免漏项。提交审查的设计资料应齐全，否则难以对设计进行有效地审查。提交审查的设计资料除了暖通专业的设计文件外，还应包括业主的设计条件和要求、建筑专业的施工图中间图、围护结构的保温参数、人防区划、防火和防烟分区、选用的主要设备样本等。在审查中应保证合理的校审时间，这是保证校审质量的一个基本条件，但对于一些设计周期较短的工程，设计的合理周期都没有保证，给审查的时间就更少，设计周期过短将会迫使设计审查"偷工减料"，对于一些小型简单工程则可以尝试实行"无纸校审"。

2.3 暖通空调工程设计的常见错误

这里主要讨论暖通空调工程设计中的常见错误，包括在图纸审查中发现的错误和以前工程设计中没有发现

问题，但在实际中出现了工程设计、质量问题的一些工程设计项目。

2.3.1 暖通空调工程设计方案不正确

2.3.1.1 暖通空调工程系统设计失误

现在一些设计院喜欢采用多联机或VRV系统。即使是在大型的甚至超大型的公共建筑，都有使用风冷的多联机或VRV系统。如果是超大型的公共建筑，则使用很多套的暖通空调系统。笔者认为，这是典型的"小马拉大车"的系统设计失误。VRV系统或风冷系统，就适合于中小型的场所。无论是从系统效率、管路承压还是新风量的保证等方面，传统的水冷式暖通空调在大型公共建筑的暖通空调工程中有着多联机或VRV系统不可比拟的优势。

实际上，无论是在美国还是在欧洲，在大型公共建筑中的暖通空调，还是以大型水冷机组占优势的。多联机或VRV系统只是在东亚才用的比较广泛，除了多联机或VRV系统本身具备灵活性等优势外，主要原因还是某些厂家的公关或广告造成的。

2.3.1.2 室内气流组织考虑不周

室内气流组织方式是暖通空调工程必须考虑的重要方面，最基本的是要考虑建筑功能和室内人员活动、设备布置的特点，使进、排气口布置科学合理以便形成合理的气流组织，从而使室内风速均匀，使用过程舒适节能。如各种侧送风、上送风、下送风、射流送风，就要结合房间大小、房间用途进行设计。如气流组织要考虑污染物的扩散和排除问题，考虑系统回风效率问题等。

例如：某厨房串味。厨房与餐厅相邻，餐厅又靠近门厅。有的旅馆中，一进门就闻到菜饭的气味，使人产生不舒服的感觉，使得高级宾馆的环境质量不够清香幽雅。

原因：厨房、餐厅的气流组织不好，应当是厨房负压，餐厅正压。而有时由于厨房开了窗，造成厨房的空气流入餐厅，致使饭菜味到处串。

对策：要防止厨房排风量60%要靠餐厅来补。即把厨房送风量的60%送到餐厅，然后再由餐厅流至厨房。但要注意气流由餐厅流入厨房在经过配餐口时的风速不得大于1m/s。

再例如：某酒店大堂一、二层连在一起，二层有内走廊，与一楼相通，二楼有开放式餐厅。一楼、二楼共用一个系统，一楼热、二楼基本合适。

原因：该大堂采用上送风，冷气流由顶层下来，二楼靠近出风口，而一楼属于高大空间，冷气流达到二楼后，被加热，很难到达一楼大堂。

对策：在二楼走廊处增加送风口，或沿大堂的立柱布置新风口。

2.3.2 暖通空调工程设计参数不正确

2.3.2.1 冷负荷计算不准确

在暖通空调工程设计中，冷负荷计算不准确的例子非常普遍，最常见的是负荷偏小而设计偏大，其原因是很多设计人员都是按面积进行负荷估算，没有进行负荷的精确计算，另外，从建筑负荷到空调负荷，再到制冷机组负荷，层层加大安全系数，加之多数时候建筑房间不可能同时全部使用，造成机组选型偏大，造成所谓"大马拉小车"的现象，大多数情况下冷冻水是小温差、大流量，从而造成冷冻水泵能耗增加，运行费用增加，系统不节能，而制冷主机又闲置，造成投资浪费。

在冷负荷计算时，也有偏小的例子。如局部房间或区域的负荷计算过小，从而造成设备选型偏小，使房间温度、相对湿度都达不到设计要求。如某餐厅工程设计，按正常条件下的参数和人流量进行负荷计算，但实际使用时则人满为患，房间温度降不下来，客人就餐环境差，投诉严重。

2.3.2.2 风量计算不正确

最常见的是风量计算偏小，没有依照规范设置新风量。如地下室、商场等场所，暖通空调设计中不注明空调系统最小新风量或甚至不设新风系统，以至于无法满足室内空气卫生要求。

还有一种情况是总风量计算正确，但室内空调温度、相对湿度、工作区风速等在设计说明中不列明，或虽然设计说明中列出，但设计时又不按该规定取值计算。

2.3.2.3 冷却水量计算错误

溴化锂吸收式制冷系统在一些大型宾馆应用比较广泛。但溴化锂吸收式制冷机的冷却水系统设计偏小。因为产生同样单位的冷量，溴化锂制冷机要比电驱动的压缩制冷机需要释放出更多的热量。因此，在同样的建筑冷负荷条件下，冷却水量更大。所以，一些暖通空调工程设计中，笼统地按电制冷机的计算方式选择溴化锂制冷机的冷却水系统是错误的。

2.3.2.4 不采用国际单位制

常见的问题如制冷量采用冷吨，压力采用毫米水柱，功率采用匹等，这些单位混合使用或单独使用工程单位又不使用国际单位。

2.3.3 管路或设备布置不当

2.3.3.1 风系统

（1）最常见的如风机盘管所接风管过长，或末端的出风口面积小，从而使房间达不到额定风量，影响空调效果。

解决办法：在进行暖通空调工程设计时应进行风管阻力计算和校核，使风机盘管风机与系统风阻相符。实际上，风机盘管可以接风管，也可以不接风管，可以进行灵活处理。

（2）送风气流达不到空调区。最常见的情况是房间跨度很大（如体育馆、会议中心等），只设单侧送风，送风口布置在一侧且距离工作区比较远，这样无法使送风气流到达较远的空调区域，从而影响空调使用效果。

解决办法：可以在房间两侧设风管送风，减小送风射流距离，或采用喷射式送风，还可以沿着房间的柱子布置风管，从而使送风更容易达到工作区。

（3）热风送不下来。如果房间层高很高（如多层共用的中庭），而送风口在上部，则容易造成室内垂直方向温度梯度大。而空气特性是热空气在上，冷空气在下，热风送不下来。

解决办法：可以设法在房间半层高处设风管，或增加侧风口送风。如一、二层高的大堂，可以在一层顶部、二层底部处设送风口。

（4）缺少排风。最常见的是暖通空调系统只考虑了夏季工况，没有考虑过渡季节的工况。如某些无窗的建筑物，在过渡季节使用不需要空调，但又需要大量新风的空调系统，空调设计时没有设计排风系统，致使室内空气非常污浊。

解决办法：考虑过渡季节情况，设置系统排风或新风系统。

（5）送、回风口气流短路。送、回风口气流短路也是比较常见的设计问题。如某大型办公楼，很多回风口甚至排风口就在送风口附近，致使大部分气流未经过空调区直接吸入空调系统回风口，造成气流短路。从而造成空调效果不好和浪费能量。

解决办法：尽量拉开送、回风口的距离，如果实在无法布置送、回风口，也要尽量使送、回风不在同一高度和同一方向。

（6）缺少过滤器。暖通空调工程设计时，空调系统的新风口、回风口都不设过滤器，既满足不了室内空气卫生要求，又影响空调效果和设备使用寿命。

解决办法：暖通空调的新风口、回风口都必须设置过滤器并定期清洗。如果过滤器两侧的压力过大，说明滤网已堵塞。

（7）送、回风管布置不合理。这也是暖通空调工程设计时比较容易忽视的问题，送、回风管太长，风口有远有近，阻力不能平衡，造成冷热不均。

解决办法：1）风管不要设计太长；2）各支管的长度尽量差不多或与主管对称；3）如果风管与空调机的布置实在有困难，可在某些风口设百叶调节阀。

（8）送风口结露。这是由于设计时采用了比较低的送风温度。特别是在南方地区的梅雨季节，当空调送风干球温度低于室内空气露点温度太多时，送风口将结露、滴水，会淋湿天花、地毯等。笔者参观过很多空调，发现漏水、长霉的风口不少见。

解决办法：1）通过调节阀减少冷水流量，提高送风温度；2）采用导热系数低的保温风口（比如木制风口）；3）设计时提高送风温度，减少送风温差。

（9）新风分布不均匀。在暖通空调工程设计中，经常碰到新风分布不均的现象。如较大的空调房间，布置多台风机盘管，只对一台或个别风机盘管送新风，造成新风有很多死角。显然，这没有经过气流组织的考虑设计。

解决办法：要仔细进行气流组织计算，尽量将新风分布均匀，考虑室内空气流动的合理性。

（10）排风机余压不足。某大型建筑的排风机余压不足，或管路太长，致使末端的房间排风效果不理想。

解决办法：风管不要设计太长，风口设百叶调节，或增设排风机。

（11）厕所的臭气外泄。这是比较容易忽视的问题，如某建筑的厕所不设排风或排风量不足，造成臭气外泄。

解决办法：增加排气设施，建筑的排气先经过厕所，从厕所再排到室外或屋顶。

2.3.3.2 水系统

（1）膨胀水箱设置错误。膨胀水箱不是暖通空调工程设计的重点，也不需要经过专门的计算。但在设计中，膨胀水箱的错误比较多，如水箱容积过小、安装高度不够、接管错误等。

解决办法：1）膨胀水箱应接在水泵吸入侧，且至少要高出水管系统最高点1m，使水泵承受背压；2）膨胀水箱应有泄水管、补水管、信号管等全部管路；3）膨胀水箱应有保温措施。

（2）水系统阻力计算不准确。冷冻水系统的水力损失计算错误或不准确，造成各空调设备的冷冻水流量不在设计范围之内。同时，水管系统阻力计算不准确，致使所选水泵扬程过大或过小。既满足不了空调使用要求，水泵又经常在低效率下运行，浪费能源。

解决办法：对水系统进行认真的水力计算，从最不利点开始算起，逐段进行水力损失计算和校核。

（3）没有对水管进行伸缩补偿。一些暖通空调工程设计中，尤其是北方在冬季所使用的空调设计中，没有考虑管道的热胀冷缩现象，对于自然补偿无法满足要求的超长直管段，不设伸缩设施，从而损坏管道而漏水。

解决办法：对于比较长的管道以及温度变化比较大的管道，设置管道伸缩补偿器。

（4）多台冷却塔并联运行时不设平衡管。这也是暖通空调工程设计时最容易犯的错误之一。根据笔者的审图经验，很多设计都没有考虑到多台冷却塔并联运行时的水量平衡问题。实际运行中，并联工作的冷却塔，如果不设平衡管，会造成冷却塔水量不平衡，而设计时往往选用相同的冷却塔，所以水量不平衡则水泵、冷水机组等均不平衡。同时，一旦某台冷却塔的风机坏掉，如果不设平衡管则整个系统都无法运行。

解决办法：一定要特别注意在冷却塔的下部设平衡管。

（5）冷却塔安装位置不对。在进行暖通空调工程设计时，将冷却塔布置在建筑死角，甚至安装在室内，造成换热效果差，空调效果大打折扣，运行费用高。

解决办法：冷却塔一般安装在室外的空地、裙楼的天面，不能距其他住户太近，以免飘水或产生噪声、污染等引起周围住户的投诉。因此，在进行暖通空调设计时，一定要到现场去实际考察一翻，防止盲人摸象。

（6）冷却塔不设现场风机检修控制开关。冷却塔不设现场风机检修控制开关很危险。如果不提出要求，电气专业大都只在冷冻机房设开关，那么工人在塔内检修时，万一有人合上开关，则风机启动就会造成人员伤亡。

解决办法：在冷却塔的施工说明中应提出说明。

（7）不提供水管试验压力。在进行暖通空调工程设计时，应该在设计说明中说明试验压力。如果管路的压力取得大，对设备、管件、阀门等要求也高，投资也越大。如果试验压力取得小，则系统存在安全隐患。尤其是高层建筑，应按高低区域分别提供试验压力。

解决办法：在施工、设计说明中说明试验压力。

（8）冷凝水管的坡度不够或没有坡度。在暖通空调工程设计中，冷凝水应该就近排放，其管径相对已经固定。冷凝水排放坡度一般不少于5‰，支管为2%。如果小于1%，或根本没有坡度，会造成冷凝水外溢。

解决办法：在冷凝水管上每隔20m左右设一个向上的通气短管，可减少活塞作用，使冷凝水排放更加顺畅。

（9）空调器积水。常见的问题为空调机组或组合式空调器有凝结水漏出，造成室内环境污染或降低室内舒适性。

解决办法：空调箱凝结水排出口处不设水封或水封高度不够，致使空调箱积水、外溢。另外，冷凝水管直接接入雨水管、排污管，下大雨或管道堵塞时，污水上返空调机凝结水盘，造成发水事故。因此，要有良好的冷凝水排出措施。

（10）水管保温隔热性能不好。很多暖通空调工程设计中，没有对水管的保温材料厚度进行计算或未按有关规定选用。选小了，管道结露、滴水，既污染天花又浪费能源。选大了，造成材料浪费。

解决办法：按经济厚度做保温设计，防止结露和保温过厚。

2.3.3 冷冻站或制冷机房的问题

（1）机房不设通风。制冷机房不设通风是违反规范规定的，因为制冷机房需要值班，机器也需要干燥。如果机房不设通风系统，则机房内闷热、潮湿，影响操作人员身体健康及设备使用寿命。

解决办法：按照设计规范，在机房设计通风并保证通风量，有条件的工程，还可以设置空调。

（2）机房设备空间太小。如果制冷机房的各设备间距太小，会造成检修困难，但是设备间距太大，又会造成建筑面积浪费。

解决办法：按规范规定，在制冷机组的水泵与墙壁之间、主机之间，以及与天花板、横梁之间的长、宽、高保留足够的距离，为将来的维修、测试提供方便。

（3）水过滤器安装不正确。在暖通空调工程设计中，有些设计将水过滤器安装在冷冻水和冷却水总管上，这样清理过滤器时会影响空调系统运行。

解决办法：将水过滤器安装在每台水泵或冷水机组入口处，逐个清理过滤器，不影响空调系统运行。

（4）空调水管布置不合理。最常见的是将空调水管设在冷水机组或电气控制柜上方，既不便于检修，又存在安全隐患。

解决办法：在布置管路时尽量考虑各种管线之间的重叠问题，加强和其他专业的协调和配合，在有限的机房空间里面尽量优化管路的走向。

（5）制冷机房排水困难。在冷冻机房未设集水井和排污泵，造成空调系统换水困难，或者产生发水事故时更是不可想象。

解决办法：和给水排水专业配合，设置集水井和排污泵。

2.3.4 暖通空调工程设计防火排烟系统不正确

2.3.4.1 防烟防火问题

（1）加压送风机房不设计进风管口。很多暖通空调工程设计中，加压送风机房不设计进风管口，当风机的门关闭时，室外新风无法补入，严重影响防烟效果，存在安全隐患。

解决办法：加压送风可以不设机房，而直接把消防的送风机设置于屋顶，或在加压送风机房中设置进风管口。

（2）送风口风速过大。在设计中，因为前室机械加压送风口尺寸太小，致使送风口风速过大。

解决办法：精确计算风量和风速，确保送风口的风速不大于7m/s。

（3）加压送风竖管尺寸太小，致使风速、阻力过大。一般机械通风钢质风管的风速控制在14m/s左右；建筑风道控制在12m/s左右。因是不常开的，对噪声影响可不予考虑，故允许比一般通风的风速稍大些。日本有关资料推荐钢质排烟风管的最大风速一般为20m/s。我国的规范规定："采用金属风道时，不应大于20m/s；采用内表面光滑的混凝土等非金属材料风道时，不应大于15m/s。"

解决办法：精确计算风量和风速，降低风管中的空气流速，从而降低阻力。

（4）加压送风的风量不足。常见的问题如剪刀楼梯间未设置独立的机械加压送风的防烟设施或加压送风量不足。

解决办法：保证风量不少于规范规定的标准。

（5）加压送风竖井没有考虑漏风。这个问题比较严重，因为国内很多建筑的加压送风竖井是不光滑的混凝土管道，其内表面没有装修或抹平，而设计时，选择机械加压送风的风机只按理论情况下考虑，没有考虑竖井漏风系数。

解决办法：1）考虑竖井的漏风系数；2）施工时要使管道内表面非常密实，防止风管泄漏。

2.3.4.2 排烟

（1）排烟管未设止回阀。在暖通空调工程中，经常可以见到共用一个排烟竖管的排烟系统，在竖管与每层水平风管交接处的水平管段上，未设置风管止回阀，造成烟气乱串。

解决办法：在干管与支管处设止回阀即可。

（2）排烟管道未采用非可燃材料。这是非常致命的空调设计，一般很难通过设计审查。规范规定：管道和设备的保温材料、消声材料和粘结剂应为不燃烧材料或难燃烧材料。穿过防火墙和变形缝的风管两侧各2.00m范围内应采用不燃烧材料及其粘结剂。

解决办法：通风、空气调节系统的管道等，应采用不燃烧材料制作，但接触腐蚀性介质的风管和柔性接头，可采用难燃烧材料制作。这些要在施工设计说明中详细写出来。

（3）机械排烟量不足。在一些设计中，可以看到需要设排烟设施的部位，机械排烟量不足。

解决办法：设置机械排烟设施的部位，其排烟风机的风量应符合规范规定。

（4）排烟管道尺寸太小。在暖通空调工程设计中，如果排烟管道尺寸太小，则会造成风速、阻力过大。

解决办法：排烟和排风管道可分开设置，如果合用的话，则要按排烟量来设计管道的截面尺寸，因为排烟量一般远大于排风量。

（5）排烟口数量太少或尺寸太小。如果排烟口数量太少或尺寸太小，会造成排烟口风速过大。

解决办法：排烟口宜设置于该防烟分区的居中位置，并应与疏散出口的水平距离在2m以上，排烟口的风速不宜大于10.0m/s。

（6）防烟分区内排烟口距最远点水平距离超过30m。这也是比较常见的设计错误之一，这是对规范的机械理解造成的。在浓烟中，正常人以低头、掩鼻的姿态和方法最远可通行 20～30m。应该明白，规定排烟口与该排烟分区内最远点的水平距离不应大于 30m，这里的"水平距离"是指烟气流动路线的水平长度。

解决办法：熟悉规范的精髓，不机械理解规范。

（7）地下室机械排烟有问题。在一些设计中，设置机械排烟的地下室，不设送风系统或送风量小于排烟量。

解决办法：设置机械排烟的地下室，应同时设置送风系统，且送风量不宜小于排烟量的 50%。

（8）排烟口与补风口距离太近，造成气流短路。在暖通空调工程设计的审图中，我们发现有时候排烟口与补风口距离太近，造成气流短路。

解决办法：排烟口应该远离进风口，防止气流循环短路。机械加压送风防烟系统和排烟补风系统的室外进风口宜布置在室外排烟口的下方，且高差不宜小于 3.0m；当水平布置时，水平距离不宜小于 10.0m。

（9）排烟管道跨越防火分区且不做任何处理。在暖通空调工程设计中，一些设计人员将跨越防火分区的排烟管道不做任何处理，存在安全隐患。

解决办法：排烟管道尽量不要跨防火分区，如果实在需要跨越，则应在穿越处设置 280℃时自动关闭的防火阀。

（10）排烟管道穿越前室或楼梯间。经常见到有些设计中，穿越前室或楼梯间的排烟管道不做任何处理，存在安全隐患。

解决办法：排烟管道一般不应穿越前室或楼梯间，如确有困难必须穿越时，排烟管道须做耐火处理，其耐火极限不应小于 2h，可做成钢筋混凝土烟道。

2.3.5 暖通空调工程设计设备选型不正确

2.3.5.1 水泵选型不对

（1）水泵扬程偏大。水泵扬程选择偏大已成为设计的通病了，不管是冷却水泵还是冷冻水泵都有这样的问题。例如：有些仅需 28～32m 水柱的，选了 40～50m 水柱的水泵，个别工程的水泵扬程甚至达到偏大 70%～100%。出现这样的问题，一是很多设计人员没有认真的计算过扬程，二是盲目的选择安全余量，总以为扬程越大越安全。

解决办法：选择水泵扬程大些就安全了吗？其实不然。如果未安装有限流阀、电气专业也未设计过电流保护，就有可能烧毁电机；如果电气专业设计了过电流保护，则会发生水泵电机发热、电流增大，重则不能正常启动的情况。同时，也会在运行中增加能耗，导致运行费用增加。导致水泵扬程选得偏大的原因是显而易见的，没有进行必要的水力计算和心中无数怕是主要原因。

（2）冷、热水泵不分开设。在暖通空调工程设计中，常见到冷、热循环水泵不分开设的情况。有的是因为迁就了机房面积偏小，有的则是考虑不周所致。

解决办法：众所周知，供回水温差制冷工况时一般为 5℃，制热工况时一般为 10℃，而且一般夏热冬冷地区，冬季制热负荷比夏季制冷负荷小。如一般前者为后者的 60%～80%。即冬季循环水量为夏季循环水量的 0.3～0.4 倍，水力损失仅为供冷工况的 9%～16%，输送功耗仅为供冷工况时的 2.7%～6.4%。所以，若冷热循环水泵不分开设，将导致冬季能耗浪费，形成大流量小温差运行。

2.3.5.2 制冷机组和其他设备不匹配

（1）制冷机组和空调设备不匹配。在很多暖通空调工程的设计中，制冷机组与末端空调设备不匹配，甚至有冷水机组制冷量远大于空调末端设备需冷量的情况，从而造成初投资浪费。

解决办法：这种情况也是盲目追求安全余量的结果。实际上，由建筑负荷到制冷机组的负荷，不需要乘以安全系数已足够了。相反，由于建筑各房间往往并不同时使用，制冷机组的负荷还可以略小于建筑负荷。

（2）不同规格的水泵并联。在暖通空调工程设计中，冷水机组规格不同时，并联的水泵扬程相差大，造成水泵运行功耗增加。

解决办法：采用等容量机组，机房布置也许会划一整齐，备品备件会少，但工程中往往有小负荷的不同使用功能的场所，如采用等容量机组，就容易造成负荷适应性差的缺点。那么选用不同规格的冷水机组，则应单独选用不同的水泵。

2.3.5.3 风机选型不对

（1）风机选型偏大。风机的压头选用偏大，造成的后果除同水泵扬程选得偏大产生的后果外，如果风机是回风机，还会引起新回风混合箱内为正压，新风进不来，新风口成为排风口，新风量不能保证的后果。

解决办法：按正确压头选用风机

（2）多台风机并联出问题。排风系统中，常常会遇到多台小排风机排入竖井，末端还有一台较大排风机接力后排出。

解决办法：实际形成多台风机并联后再串联较大风机，此时应考虑小排风机的同时使用系数问题。

（3）消防风机要符合规定。在暖通空调工程设计中，消防风机要承受高温，除了满足排烟量的要求外，还需要满足承受高温的时间。

解决办法：排烟风机可采用离心风机或排烟轴流风机，并应在排烟支管上设有烟气温度超过 280℃时能自动关闭的排烟防火阀。排烟风机应保证 280℃时能连续工作 30min。

2.3.6 暖通空调工程设计深度不符

2.3.6.1 设计深度不够

设计深度不够是主要的表现。例如：一些重要参数和技术做法在图纸中没有表示或确定，使施工安装无法进行，或因为未对这些重要参数进行有效控制而影响系统性能，造成返工和损失。再例如：一些工程缺乏消防设计，如该设计排烟的部位不设计排烟；整个建筑都不考虑防烟问题。特别是不具备自然通风条件的场所，按规定需要设计机械排烟或防烟的，没有设计防排烟。

2.3.6.2 设计深度过于复杂

设计深度问题的另外一种情况是过于复杂，绘图过细。这不仅使设计效率下降，而且由于图纸中线条和信息过多，使图纸过于复杂，可读性下降，或者使图纸量增加。由于工程设计图纸需要复制的份数较多，这就增加了设计成本，并造成了资源浪费，也不符合绿色环保的要求。因此在表示清楚的前提下，设计图纸越少越好，尽量采用标准图，但必须说明采用的标准图号。从目前国内暖通专业设计技术的发展趋势来看，设计绘图正在逐步简化，而设计计算和设计方案优化则在逐步加强。

暖通空调工程设计深度应满足建设部颁布的《建筑工程设计文件编制深度的规定》、相关设计规范和本单位有关质量管理文件的要求。但由于暖通专业设计类型繁多、千差万别，对于一些具体情况可能没有明确规定，这时可按下列原则进行判断：影响设计性能、设备订货、施工安装和操作使用的重要参数和技术做法是否表示清楚，能否满足设计校审的要求。

2.3.7 暖通空调工程设计图纸质量不佳

制图也是暖通空调工程设计的主要任务，所有的设计思想最终需要通过图纸来表达。图纸质量不佳，将严重影响暖通空调的施工甚至使暖通空调工程留下巨大的工程质量隐患。

2.3.7.1 缺、漏相关信息或元素

主要体现在以下几个方面：

（1）缺少标注。常见的问题是缺少文字标注、尺寸标注。如平面图、剖面图缺少定位尺寸而无法施工；各设备缺乏流量、冷量、扬程等参数的标注；图纸上只有图例符号而缺少文字信息，容易引起误解等。

（2）缺少箭头、方向。常见的问题是冷冻水、冷凝水、冷却水等流动方向上缺少箭头、方向等指示标志；进风、排风、排烟等缺少箭头、方向等。

（3）缺少管线。缺少管线的错误有膨胀水箱没有膨胀管、信号管、泄水管、补水管等；多台冷却塔并联时缺少平衡管等；冷冻水出水管、回水管之间缺少旁通管等。

（4）缺少部件。常见的错误如缺集水器、分水器等；在冷冻水供、回水之间缺平衡阀等；一些空调机组忘记画静压箱、消声器等；在管路上忘记设计防火阀等。

2.3.7.2 画图错误

常见的问题是该画虚线的画了实线，该画实线的画了虚线。如供水、回水管路的虚线、实线画错。一些设备的中间轴线线型选择错误。一些设备的图例选择错误，如同一个设备，不分平面图和系统图选择相同的图例。

2.3.7.3 设计施工说明缺少说明

设计施工说明也是图纸的一种，对于一些在绘图时无法说明的信息，一定要在设计施工说明中详细说明。如设计依据、设计参数、调试方法、保温方法、隔振措施、自控措施等。

2.3.7.4 设计图纸应齐全

提交校审的设计资料应齐全，否则难以对设计进行有效地审查。提交校审的设计资料除了暖通专业的设计文件外，还应包括甲方的设计条件和要求、建筑专业的施工图中间图、围护结构的保温参数、人防区划、防火和防烟分区、选用的主要设备样本等。

第 3 章　暖通空调工程设计施工图绘制与识图

3.1　建筑设计及施工图的基本知识

暖通空调工程设计施工图是建筑施工图的一个种类，为了能够正确绘制和正确识读暖通空调工程设计施工图，必须要对建筑的平面、结构有基本的认识和了解。

3.1.1　建筑的基本构造和部件

建筑（以房屋建筑为例）的基础是房屋最下部埋在土中的扩大构件，它承受着房屋的全部荷载，并把它传给地基（基础下面的土层）。墙与柱是房屋的垂直承重构件，它承受楼地面和屋顶传来的荷载，并把这些荷载传给基础。同时，墙体还是房间分隔、空间围护的主要构件。所谓外墙就是建筑外面阻隔雨水、风雪、寒暑对室内的影响的墙体，而内墙在建筑内区中起着分隔房间的作用。

楼面与地面是建筑的水平承重和分隔构件，楼面是指二层或二层以上的楼板或楼盖。地面又称为底层地坪，是指第一层使用的水平部分，它们承受着房间的家具、设备和人员的重量。

楼梯是楼房建筑中的垂直交通设施，供人们上下楼层和紧急疏散之用。屋顶也称屋盖，或屋面、屋顶是房屋顶部的围护和承重构件。屋顶一般由承重层、防水层和保温（隔热）层三大部分组成，主要承受着风、霜、雨、雪的侵蚀、外部荷载以及自身重量。

门和窗是建筑的围护构件。门主要供人们出入通行。窗主要供室内采光、通风、眺望之用。同时，门窗还具有分隔和围护作用。

3.1.2　建筑施工图的主要内容与编排原则

一套完整的建筑施工图，包括建筑施工图、结构施工图和设备施工图。设备施工图主要表达建筑各专用管线和设备布置及构造等情况。设备施工图又包括给水排水、采暖通风、电气照明等设备的平面布置图、系统图和施工详图等。

整套建筑施工图的编排顺序是：首页图（包括图纸目录、设计总说明、汇总表等）、建筑施工图、结构施工图、设备施工图。各专业施工图的编排顺序是基本图在前、详图在后；总体图在前、局部图在后；主要部分在前、次要部分在后；先施工的图在前、后施工的图在后等。

3.1.3　建筑施工图的一般规定

3.1.3.1　定位与轴线

暖通空调工程施工图是在建筑平面图的基础上进行设备施工图绘制，一般并不需要绘制定位与轴线，也不能改变原有建筑平面图上的定位与轴线。作为一名暖通空调工程设计人员，对建筑中的定位与轴线应该有基本的了解。

建筑施工图中的定位轴线是设计和施工中定位、放线的重要依据。凡承重的墙、柱子、大梁、屋架等构件，都要画出定位轴线并对轴线进行编号，以确定其位置。对于非承重的分隔墙、次要构件等，有时用附加轴线（分轴线）表示其位置，也可注明它们与附近轴线的相关尺寸以确定其位置。

定位轴线应用细单点长划线绘制，轴线末端画细实线圆圈，直径为 8~10mm。定位轴线圆的圆心，应在定位轴线的延长线或延长线的折线上，且圆内应注写轴线编号，如图 3-1 所示。

建筑平面图上定位轴线的编号，宜标注在图样的下方与左侧。在两轴线之间，有的需要用附加轴线表示，附加轴线用分数编号。对于详图上的轴编号，若该详图同时适用多根定位轴线，则应同时注明各有关轴线的编号。

3.1.3.2　标高

建筑标高有绝对标高和相对标高之分。根据我国的规定，凡是以青岛的黄海平均海平面作为标高基准面而引出的标高，称为绝对标高。凡标高的基准面是根据工程需要，自行选定而引出的，称为相对标高。

总平面图上的标高符号，宜用涂黑的三角形表示，具体画法见图 3-2（a）。标高符号按图 3-2（b）、（c）所示形式用细实线画出。短横线是需标注高度的界线，长横线之上或之下注出标高数字。标高数字应以米为单

位，注写到小数点后第三位。在数字后面不注写单位。零点标高应注写成±0.000，低于零点的负数标高前应加注 "一" 号，高于零点的正数标高前不注 "＋"，当图样的同一位置需表示几个不同的标高时，标高数字可按图 3-2（c）的形式注写。

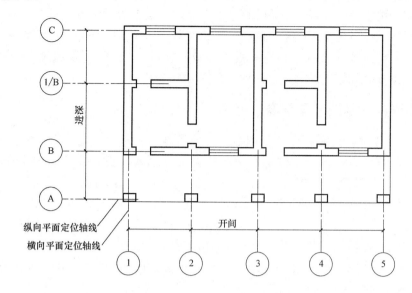

图 3-1　建筑平面图中的定位轴线

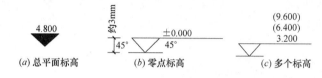

图 3-2　标高表示方法

3.1.3.3　引出线

引出线用细实线绘制，并宜用与水平方向成 30°、45°、60°、90° 的直线或经过上述角度再折为水平的折线。如图 3-3 所示。

图 3-3　引出线的标法

3.1.3.4　连接符号

对于较长的构件，当其长度方向的形状相同或按一定规律变化时，可断开绘制，断开处应用连接符号表示。连接符号为折断线（细实线），并用大写拉丁字母表示连接编号，如图 3-4 所示。

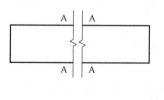

图 3-4　连接符号

3.2　暖通空调工程设计制图标准与规范

3.2.1　暖通空调工程设计制图的图纸内容

暖通空调工程设计施工图包括图文与图纸两部分。图文部分包括图纸目录、设计施工说明和设备材料表；图纸部分由通风空调系统平面图、空调机房平面图、系统图、剖面图、原理图和详图等组成。国家规范对图纸目录、材料设备表、详图和标准图的相关要求和内容有详细的规定。通风空调系统施工图应符合《给水排水制

图标准》和《暖通空调制图标准》的有关规定。

暖通空调工程设计各系统一般多采用统一的图例符号表示，而这些图例符号一般并不反映实物的原形。所以，在制图前，应首先了解各种符号及其所表示的实物。流体（包括气体和液体）在管道中都有自己的流向，制图时可按流向去绘制，更加宜于掌握。各系统管道都是立体交叉安装的，不能只在平面图上绘制，一般都有系统图来表达各管道系统和设备的空间关系，两图要相互对照、印证。暖通空调各设备系统的安装与土建施工是配套的，应注意其对土建的要求及各工种间的相互关系。事实上，暖通空调施工图绘制包括各学科专业知识、理论知识、工程制图知识和施工经验，是一种综合能力的体现。

3.2.2 暖通空调工程设计制图常见标准、规范

为了统一暖通空调专业制图规则，保证制图质量，提高制图效率，做到图面清晰、简明，符合设计、施工、存档的要求，适应工程建设的需要，住房和城乡建设部（原建设部）统一制定了《暖通空调制图标准》GB/T 50114—2010。暖通空调工程设计制图主要应遵守这个标准。此外，暖通空调工程设计制图还应遵守《总图制图标准》GB/T 50103—2010 和《建筑制图标准》GB/T 50104—2010。

《暖通空调制图标准》GB/T 50114—2010 包括总则；一般规定（包括图线，比例）；常用图例（包括水、汽管道，风道，暖通空调设备，调控装置及仪表）；图样画法（包括一般规定，管道和设备布置平面图，剖面图及详图，管道系统图，原理图，系统编号，管道标高，管径（压力），尺寸标注，管道转向、分支、重叠及密集处的画法）；以及关于本标准用词的说明等。

《暖通空调制图标准》GB/T 50114—2010 适用于下列制图方式绘制的图样：手工制图和计算机制图。对于暖通空调专业来说，适用于新建、改建、扩建工程的各阶段设计图、竣工图，以及原有建筑物、构筑物等的实测图与通用设计图、标准设计图等。

3.3 暖通空调工程设计施工图的绘制

主要包括设计说明、主要材料统计表、管道平面布置图、管路系统轴测图以及详图（或大样图）。

3.3.1 暖通空调工程设计施工图的作用与特点

3.3.1.1 暖通空调工程设计施工图的作用

建筑施工图是工程师进行交流的语言。一套完整的建筑施工图，应该包括建筑学、建筑结构和建筑设备三方面的施工图。暖通空调工程设计施工图是房屋建筑设备施工图的重要图纸之一。暖通空调工程设计施工图反映了一栋建筑室内暖通空调系统的方式、风管（水管）管道的走向和空调、通风、消防设备的布置、安装情况；也反映了暖通空调工程设计所用材料及设备的规格型号、建筑设备在建筑中的位置以及与建筑结构的关系等。因此，暖通空调工程设计施工图是建筑设计重要的技术文件。

3.3.1.2 暖通空调工程设计施工图的特点

暖通空调工程设计施工图与建筑、结构施工图有紧密的联系，尤其是关于建筑设备在建筑中的留洞、打孔、预埋件、管沟等对建筑、结构的要求必须在图纸上明确表示和加以注明。

暖通空调工程施工图中的平面图、剖面图、详图等图都是用正投影绘制的。暖通空调施工图中的系统图（管道系统如采用轴等轴测投影法绘制）是用斜等轴测投影的方法画出的，用来表示各管道的空间位置情况。当然，在不致引起误解时，管道系统图可不按轴测投影法绘制。

暖通空调工程施工图中的管道、设备、附件、配件常常采用统一的图例和符号表示，这些图例、符号是由国家相关规范规定的，图例、符号并不能完全表示管道设备的实样。如各种阀门、附件等的图例是按实物简化的一种象形符号，一般按比例画出即可。

3.3.2 暖通空调工程设计施工图的组成

一套齐全的暖通空调工程设计施工图一般包括平面图、系统图、详图，以及设计说明和设备材料表等，必要时还需绘制剖面图。暖通空调工程设计的各工程、各阶段的设计图纸应满足相应的设计深度要求。在同一套工程设计图纸中，图样线宽组、图例、符号等应一致。

暖通空调工程设计图纸的编排顺序是：图纸目录、选用图集（纸）目录、设计施工说明、图例、设备及主要材料表、总图、工艺图、系统图、平面图、剖面图、详图等。如单独成图时，其图纸编号应按所述顺序排列。如果是一张图幅内绘制平、剖面等多种图样时，宜按平面图、剖面图、安装详图，从上至下、从左至右的

顺序排列；当一张图幅绘有多层平面图时，宜按建筑层次由低至高，由下至上顺序排列。

图纸中的设备或部件不使用文字标注时，可进行编号。图样中只注明编号，其名称宜以"注:"、"附注:"或"说明:"表示。如还需表明其型号（规格）、性能等内容时，宜用"明细栏"表示。装配图的明细栏按现行国家标准《技术制图-明细栏》GB 10609.2—2009执行。

3.3.2.1 图纸目录

说明该套图纸的数量、规格、顺序等，可以用A4纸打印，置于整套图纸的最前面。

3.3.2.2 设计总说明

用文字、表格等形式表达有关的暖通空调工程设计、施工的技术内容，是整个建筑室内暖通空调工程施工、设计的指导性文件。它说明了该工程的基本情况。如暖通空调工程系统的设计依据、设计规范、设计内容；暖通空调工程系统采用何种管材、管道的连接方式；施工、试压的要求与注意事项；管道的防腐、防结露、保温措施等；空调、通风设备的种类、安装要求等。

3.3.2.3 设备、材料表

以表格的形式列出整个暖通空调工程设计所用的主要设备、配件、附件、材料的数量、型号、规格等要求。初步设计和施工图设计的设备表至少应包括序号（或编号）、设备名称、技术要求、数量、备注栏；材料表至少应包括序号（或编号）、材料名称、规格或物理性能、数量、单位、备注栏。

3.3.2.4 平面图

暖通空调工程设计平面图是在建筑平面图的基础上绘制的，包括风管平面图和水管平面图。对于比较小的暖通空调工程设计，也可以把风管平面图和水管平面图画在同一张图上。

暖通空调工程设计管道和设备布置平面图、剖面图应以直接正投影法绘制。用于暖通空调系统设计的建筑平面图、剖面图，应用细实线绘出建筑轮廓线和与暖通空调系统有关的门、窗、梁、柱、平台等建筑构配件，并标明相应定位轴线编号、房间名称、平面标高。

暖通空调工程设计管道和设备布置平面图应按假想除去上层板后俯视规则绘制，否则应在相应垂直剖面图中表示平剖面的剖切符号。

建筑平面图采用分区绘制时，暖通空调专业平面图也可分区绘制。但分区部位应与建筑平面图一致，并应绘制分区组合示意图。

在平面图上应注出设备、管道定位（中心、外轮廓、地脚螺栓孔中心）线与建筑定位（墙边、柱边、柱中）线间的关系；平面图（包括剖面图）中的水、汽管道可用单线绘制，风管不宜用单线绘制（方案设计和初步设计除外）。平面图（剖面图）中的局部需另绘详图时，应在平（剖）面图上标注索引符号。索引符号的画法如图 3-5（a）所示，图 3-5（b）为引用标准图或通用图时的画法。

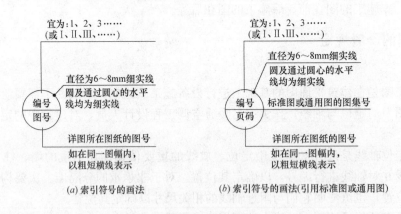

(a) 索引符号的画法　　　　(b) 索引符号的画法(引用标准图或通用图)

图 3-5　索引符号的画法

3.3.2.5 系统图、原理图

暖通空调工程系统图主要表明管道系统的立体走向，管道系统如采用轴测投影法绘制，可采用与平面图相同的比例，按正等轴测或正面斜二轴测的投影规则绘制。前面说过，在不致引起误解时，管道系统图可不按轴测投影法绘制。管道系统图应能确认管径、标高及末端设备，可按系统编号分别绘制。管道系统图的基本要素应与平、剖面图相对应。水、汽管道及通风、空调管道系统图均可用单线绘制。

系统图中的管线重叠、密集处，可采用断开画法。断开处宜以相同的小写拉丁字母表示，也可用细虚线连接。

原理图不按比例和投影规则绘制，但原理图的基本要素应与平、剖面图及管道系统图相对应。

当一个工程设计中同时有供暖、通风、空调等两个及以上的不同系统时，应进行系统编号。暖通空调系统

编号、入口编号，应由系统代号和顺序号组成。系统代号由大写拉丁字母表示（见表 3-1），顺序号由阿拉伯数字表示。

暖通空调工程设计的系统代号 表 3-1

序号	系统代号	系统名称	序号	系统代号	系统名称
1	N	(室内)供暖系统	9	X	新风系统
2	L	制冷系统	10	H	回风系统
3	R	热力系统	11	P	排风系统
4	K	空调系统	12	JS	加压送风系统
5	T	通风系统	13	PY	排烟系统
6	J	净化系统	14	P(Y)	排风兼排烟系统
7	C	除尘系统	15	RS	人防送风系统
8	S	送风系统	16	RP	人防排风系统

3.3.2.6 剖面图、详图

详图也叫大样图。原则上，从平面图中看不清楚或需要专门表达的地方都需要画详图。剖面图中的剖切符号应由剖切位置线、投射方向线及编号组成，剖切位置线和投射方向线均应以粗实线绘制。剖切位置线的长度宜为 6~10mm；投射方向线长度应短于剖切位置线，宜为 4~6mm；剖切位置线和投射方向线不应与其他图线相接触；编号宜用阿拉伯数字，标在投射方向线的端部；转折的剖切位置线，宜在转角的外顶角处加注相应编号。

断面的剖切符号用剖切位置线和编号表示。剖切位置线宜为长 6~10mm 的粗实线；编号可用阿拉伯数字、罗马数字或小写拉丁字母，标在剖切位置线的一侧，并表示投射方向。

剖面图，应在平面图上尽可能选择反映系统全貌的部位垂直剖切后绘制。当剖切的投射方向为向下和向右，且不致引起误解时，可省略剖切方向线。

3.3.3 暖通空调工程设计施工图基础知识

3.3.3.1 线型和线宽

暖通空调工程设计施工图图线的基本宽度 b 和线宽组，应根据图样的比例、类别及使用方式确定。一般来说，基本宽度 b 宜选用 0.18、0.35、0.5、0.7、1.0mm。如果某个图样中仅使用两种线宽，线宽组宜为 b 和 $0.25b$；如果使用三种线宽，则线宽组宜为 b、$0.5b$ 和 $0.25b$。如表 3-2 所示。

暖通空调施工图线宽选择 表 3-2

线宽组	线宽(mm)			
b	1.0	0.7	0.5	0.35
$0.5b$	0.5	0.35	0.25	0.18
$0.25b$	0.25	0.18	0.13	—

在同一张图纸内，各不同线宽组的细线，可统一采用最小线宽组的细线。暖通空调工程设计施工图制图采用的线型及其含义，宜符合表 3-3 的规定。

常用的各种线型 表 3-3

名称		线型	线宽	一般用途
实线	粗	——	b	单线表示的管道
	中粗	——	$0.5b$	本专业设备轮廓、双线表示的管道轮廓
	细	——	$0.25b$	建筑物轮廓；尺寸、标高、角度等标注线及引出线；非本专业设备轮廓
虚线	粗	------	b	回水管线
	中粗	------	$0.5b$	本专业设备及管道被遮挡的轮廓
	细	------	$0.25b$	地下管沟、改造前风管的轮廓；示意性连线
波浪线	中粗	～～～	$0.5b$	单线表示的软管
	细	～～～	$0.25b$	断开界线
单点长划线		—·—	$0.25b$	轴线、中心线
双点长划线		—··—	$0.25b$	假想或工艺设备轮廓
折断线		—√—	$0.25b$	断开界线

3.3.3.2 比例

暖通空调工程设计总平面图、平面图的比例，宜与工程项目设计的主导专业一致，其余可按表 3-4 选用。系统图的比例一般与平面图相同，特殊情况可不按比例。管道纵断面，同一个图样，根据需要可在纵向与横向采用不同的组合比例。

暖通空调工程设计施工图制图常用比例 表 3-4

名称	常用比例	备注
区域规划图、区域位置图	1:50000、1:25000、1:10000、1:5000、1:2000	宜与总图专业一致
总平面图	1:1000、1:500、1:300	宜与总图专业一致
各层平面图	1:200、1:150、1:100	宜与建筑专业一致
剖面图	1:50、1:100、1:150、1:200	可用比例 1:300
局部放大图、管沟断面图	1:20、1:50、1:100	可用比例 1:30、1:40、1:50、1:200
索引图、详图	1:1、1:2、1:5、1:10、1:20	可用比例 1:3、1:4、1:15

3.3.3.3 标高

暖通空调工程设计制图中，在不宜标注垂直尺寸的图样中，应标注标高。标高应以米为单位，精确到厘米或毫米，一般宜注写到小数点后第 3 位（毫米）。标高符号应以直角等腰三角形表示。当标准层较多时，可只标注与本层楼（地）板面的相对标高，见图 3-6。

水、汽管道所注标高未予说明时，表示管中心标高。水、汽管道标注管外底或顶标高时，应在数字前加"底"或"顶"字样。矩形风管所注标高未予说明时，表示管底标高；圆形风管所注标高未予说明时，表示管中心标高。

图 3-6 平面图中管道标高标注法

剖面图中，管道标高应按图 3-7 的方式标注。

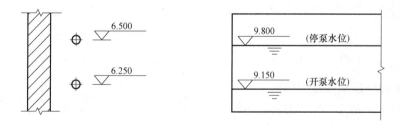

图 3-7 剖面图中管道标高标注法

轴测图中，管道标高应按图 3-8 的方式标注。

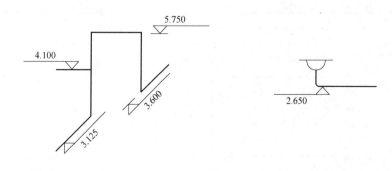

图 3-8 轴测图中管道标高标注法

3.3.3.4 管径

在暖通空调工程设计中，输送流体用无缝钢管、螺旋缝或直缝焊接钢管、铜管、不锈钢管，当需要注明外径和壁厚时，用"D（或φ）外径×壁厚"表示，如"$D108×4$"、"$\varphi108×4$"。在不致引起误解时，也可采用公称通径表示。

金属或塑料管用"d"表示，如"$d10$"。圆形风管的截面定型尺寸应以直径符号"φ"后跟以毫米为单位的数值表示。矩形风管（风道）的截面定型尺寸应以"$A×B$"表示。"A"为该视图投影面的边长尺寸，"B"为另一边尺寸。A、B单位均为毫米。

平面图中无坡度要求的管道标高可以标注在管道截面尺寸后的括号内，如"$DN32$（2.50）"、"$200×200$（3.10）"。必要时，应在标高数字前加"底"或"顶"的字样。

水平管道的规格宜标注在管道的上方；竖向管道的规格宜标注在管道的左侧。双线表示的管道，其规格可标注在管道轮廓线内。管径尺寸应注在变径处；水平管道的管径尺寸应注在管道的上方；斜管道的管径尺寸应注在管道的斜上方；竖直管道的管径尺寸应注在管道的左侧；当管径尺寸无法按上述位置标注时，可另找适当位置标注，但应当用引出线示出该尺寸与管段的关系，如图3-9所示。

同一种管径的管道较多时，可不在图上标注管径尺寸，但应在附注中说明。

图3-9 多管径的表示方法

3.3.3.5 管道分支与转向

管道的转向、连接应按图3-10所示方法表示。管道交叉时，前面的管线为实线，被遮挡的管线应断开。管道在本图中断，转至其他图面表示（或由其他图面引来）时，应注明转至（或来自）的图纸编号，如图3-11所示。

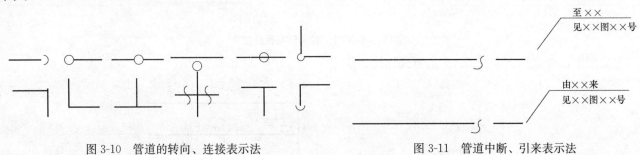

图3-10 管道的转向、连接表示法   图3-11 管道中断、引来表示法

3.3.3.6 暖通空调工程设计施工图常用图例

在暖通空调工程设计中，施工图中的器具、附件往往用图例表示，而不按比例绘制。常用的图例见表3-5～表3-8。

暖通空调工程设计的图例比较多，这些图例绝大部分已标准化。

暖通空调工程设计常用管道图例   表3-5

序号	名称	图例	序号	名称	图例
1	冷热水供水管	——LR——	7	补水管	—— b ——
2	冷热水回水管	---- LR'----	8	膨胀管	—— P ——
3	冷却水供水管	——LQ——	9	泄水管	——XS——
4	冷却水回水管	---- LQ'----	10	变径管	
5	凝结水管	—— n ——	11	波纹管	
6	软化水管	—— RS ——	12	水管软接头	

暖通空调工程设计常用阀门图例   表3-6

序号	名称	图例	序号	名称	图例
1	截止阀		6	平衡阀	
2	闸阀		7	流量调节阀	
3	电动二通阀		8	手动蝶阀	
4	电磁阀		9	电动蝶阀	
5	止回阀		10	Y型过滤器	

暖通空调工程设计常用附件图例   表3-7

序号	名称	图例	序号	名称	图例
1	温度计		6	湿度传感器	H
2	压力计		7	风压差传感器	DP
3	水流量传感器	F	8	水压差传感器	DW
4	温度传感器	T	9	水流开关	F
5	压力传感器	P	10	风路调节阀	

暖通空调工程设计常用设备图例   表3-8

序号	名称	图例	序号	名称	图例
1	水泵（系统图）		6	风路过滤器	
2	屋顶风机		7	天圆地方	
3	风机盘管	F.C.	8	分体空调室内机	
4	方形散流器	FS(T)	9	分体空调室外机	
5	冷热盘管		10	防火阀	

3.3.4 暖通空调工程设计图样画法的一般规定

暖通空调工程设计应以图样表示，不得以文字代替绘图。如必须对某部分进行说明时，说明文字应通俗易懂、简明清晰。有关全工程项目的问题应在首页说明，局部问题应注写在本张图纸内。

暖通空调工程设计中的图纸应单独绘制，不可与其他专业的图纸混用。

在同一个工程项目的设计图纸中，图例、术语、绘图表示方法应一致。

在同一个工程子项的设计图纸中，图纸规格应一致。如有困难时，不宜超过2种规格。

图纸编号应遵守下列规定：

（1）规划设计采用空规-××。

（2）初步设计采用空初-××，空扩初-××。

（3）施工图采用空施-××。

图纸的排列应符合下列要求：

初步设计的图纸目录应以工程项目为单位进行编号；施工图的图纸目录应以工程单体项目为单位进行编写。

工程项目的图纸目录、使用标准图目录、图例、主要设备器材表、设计说明等，如一张图纸幅面不够使用时，可采用2张图纸编排。

图纸编排除按前面所述的顺序排列外，还应注意以下两点：

（1）系统原理图在前，平面图、剖面图、放大图、轴测图、详图依次在后；

3.3.5 暖通空调工程设计施工图的绘制

3.3.5.1 平面图绘制

暖通空调工程设计平面图包括空调、通风、防排烟和水管平面图。绘制平面图时，应注意以下几点：

（1）建筑物轮廓线、轴线号、房间名称、绘图比例等均应与建筑专业一致，并用细实线绘制。

（2）各类管道、空气处理设备、阀门、附件、立管位置等应按图例以正投影法绘制在平面图上，线型按国家标准的规定执行。

（3）安装在下层空间或埋设在地面下而为本层使用的管道，可绘制于本层平面图上。

（4）各类管道应标注管径。立管应按管道类别和代号自左至右分别进行编号，且各楼层一致。

暖通空调工程设计平面图的绘制步骤是：

（1）先确定暖通空调方案，确定暖通空调系统的形式。

（2）画空气处理设备的平面布置。

（3）画风管平面布置和走向。

（4）画水管道平面布置。

（5）画非标准图例。

（6）最后进行图纸的标注。

3.3.5.2 系统图绘制

系统图绘制应注意的是：

（1）管道系统图的基本要素应与平、剖面图相对应。

（2）水、汽管道及通风、空调管道系统均可用单线绘制。

（3）系统图中的管线重叠、密集处，可采用断开画法。断开处宜以相同的小写拉丁字母表示，也可用细虚线连接。

（4）系统图可以采用轴测投影法绘制，如采用轴测投影法绘制，则应采用与相应的平面图一致的比例，按正等轴测或正面斜二轴测的投影规则绘制。但是，在设计院的工程设计中，往往进行了简化，系统图并不需要采用轴测投影法绘制，此时，系统图不需要按比例绘制，但管道系统图应能确认管径、标高及末端设备，也就是说，系统图上也要标明管径、标高等。

暖通空调工程设计系统图的绘制步骤是：

（1）先确认多层建筑、中高层建筑和高层建筑的管道以立管为主要表示对象，按管道类别分别绘制立管系统原理图，大致安排系统中各设备的位置。

（2）以平面图中冷水机组立管为起点，顺时针自左向右按冷冻水系统、冷却水系统依次顺序均匀排列，可不按比例绘制。

（3）按流体流向画管路。

（4）画附件、配件等。

（5）最后进行图纸标注。

3.3.5.3 剖面图绘制

剖面图绘制应注意的是：

（1）暖通空调工程设计中设备、构筑物布置复杂，管道交叉多，因此，原则上在平面图上不能表示清楚时，宜辅以剖面图，管道线型应符合标准规范的规定。

（2）表示清楚设备、构筑物、管道、阀门及附件位置、形式和相互关系，用于暖通空调系统设计的剖面图，应用细实线绘出建筑轮廓线和与暖通空调系统有关的门、窗、梁、柱、平台等建筑构配件，并标明相应定位轴线编号、房间名称、平面标高。

（3）剖面图上应注明管径、标高、设备及构筑物有关定位尺寸。

（4）建筑、结构的轮廓线应与建筑及结构专业相一致。有特殊要求时，应加注附予以说明，线型用细实线。

暖通空调工程剖面图的绘制步骤是：

（1）确定需要绘制剖面图的部件、设备。

（2）选择合适的剖切位置，所谓合适，就是应在平面图上尽可能选择反映系统全貌的部位垂直剖切后绘制。

（3）按比例绘制剖面图。

（4）最后进行尺寸标注。

3.3.5.4 详图、放大图绘制

暖通空调工程设计中，详图、放大图绘制应注意的是：

（1）当管道类型较多，正常比例表示不清时，可绘制放大图。

（2）比例等于和大于1：30时，设备和器具按原形用细实线绘制，管道用双线以中实线绘制，当比例小于1：30时，可按图例绘制。

（3）应注明管径和设备、器具附件、预留管口的定位尺寸。

（4）可以选择标准图，如风机盘管的安装详图，已进行了标准化处理，可以参考网上的标准图，然后根据工程需要稍微进行尺寸修改即可。

（5）无标准设计图可供选用的设备、器具安装图及非标准设备制造图，宜绘制详图。

绘制步骤略。

3.4 暖通空调工程设计施工图绘制举例

本章以某食堂为例，在天正暖通中来介绍暖通空调工程施工图的绘制。从建筑平面图（见图3-12）开始，对各种图纸的绘制操作进行介绍。

3.4.1 空调风系统平面图绘制

（1）步骤一：

在空调机房中绘制空调器的定位线，具体是使用"直线"命令，捕捉"a"点，然后使用相对坐标"@-2270，1400"得出点"b"，完成操作。效果如图3-13所示。

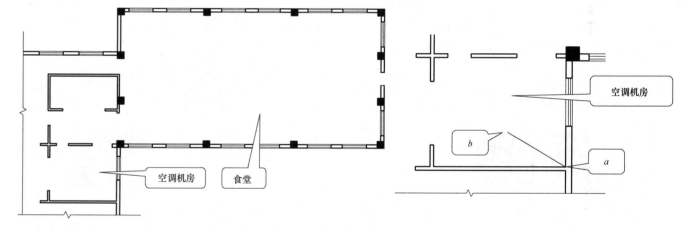

图3-12 办公室平面图　　　　　图3-13 绘制空调器的定位线

（2）步骤二：

接下来布置空调器。在屏幕菜单上面点击"空调"→"空调器"，打开如图3-14所示的对话框，并在设置相应的参数后捕捉空调机房内的点"b"。然后把定位线删除。最后效果如图3-15所示。

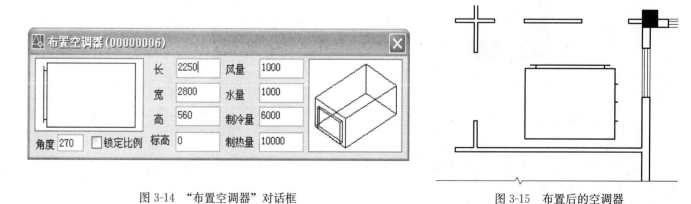

图3-14 "布置空调器"对话框　　　　　图3-15 布置后的空调器

（3）步骤三：

第三步是绘制连接空调器的送风立管。在屏幕菜单上面点击"空调"→"风管立管"，打开如图3-16所示的对话框，按照图设置参数，然后定位于空调器下侧线中点上。得出效果如图3-17所示。

图 3-16 "风管立管"对话框

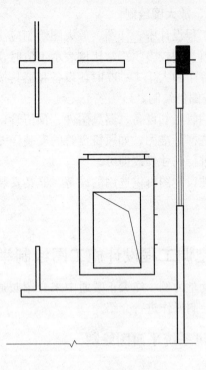

图 3-17 布置送风立管

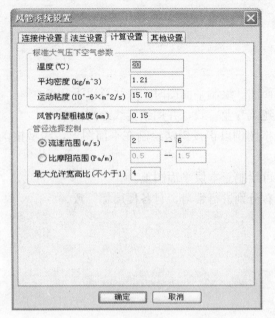

图 3-20 "计算设置"对话框

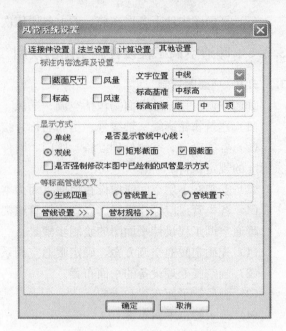

图 3-21 "其他设置"对话框

完成后效果如图 3-22 所示。

（4）步骤四：

先对风管的样式进行设置，一气呵成地完成风管的绘制。点击"空调"→"风管设置"，打开"风管系统设置"对话框，接下来在其 4 个分组中分别对连接件、法兰、计算等方面进行设置，如图 3-18～图 3-21 所示。按照图示修改后，即可绘制风管。

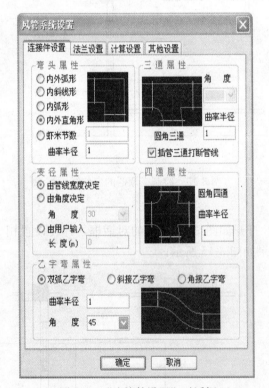

图 3-18 "连接件设置"对话框

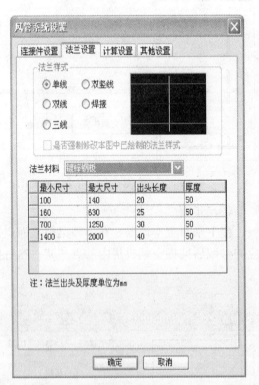

图 3-19 "法兰设置"对话框

（5）步骤五：

点击"空调"→"风管绘制"，先点击立管下侧线的中点，然后参考对话框的参数来设置管线的类型、截面及尺寸、管底的标高、对齐方式等。

宽度设为 1800，再输入长度值 5000，向上拉伸；再输入长度值 11500，向右拉伸。

宽度设为 1250，再输入长度值 9000，向右拉伸；再输入长度值 4000，向上拉伸。

宽度设为 800，再输入长度值 4000，向上拉伸；再输入长度值 9000，向左拉伸。

宽度设为 450，再输入长度值 8000，向左拉伸。

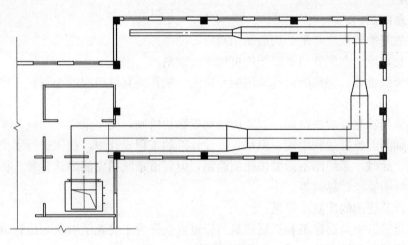

图 3-22 已绘制的风管

（6）步骤六：

修改弯头。点击"空调"→"弯头连接"，打开如图 3-23 所示的对话框，然后点击导流叶片数设置区域中的[...]键，根据管径来选择片数，然后点击要修改的弯管，确认。然后再点击弯管前后两个管道，再确认。修改效果如图 3-24 所示。

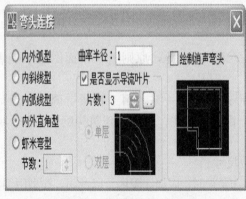

图 3-23 "弯头连接"对话框

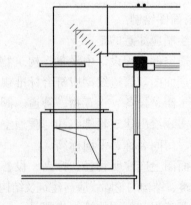

图 3-24 修改后的弯管

（7）步骤七：

修改变径管。虽然在绘制不同宽度管线时可以自动生成变径管，但用户也可以对其尺寸算法作修改。方法为点击"空调"→"变径连接"，打开如图 3-25 所示的对话框，按要求设置不同的算法（本例使用"由管线宽度决定"算法）。选定后点击要修改的变径管及管前后两个管道，确认即可。

（8）步骤八：

在风管上添加消声器和防火阀。点击"空调"→"插入风管阀件"，打开如图 3-26 所示的对话框，先点击图样，则弹出"天正图库管理系统"对话框（见图 3-27），用户可对阀件进行选择和预览，选定后双击图样可返回"插入风管阀件"对话框，然后在绘图区把消声器添加到风管上。需要修改消声器尺寸时可以双击消声器，弹出如图 3-28 所示的对话框进行修改。

防火阀的添加方法可参照消声器部分。完成后效果如图 3-29 所示。

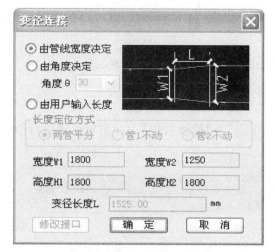

图 3-25 "变径连接"对话框

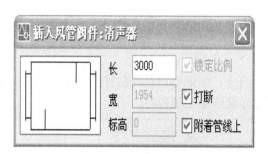

图 3-26 "插入风管阀件"对话框

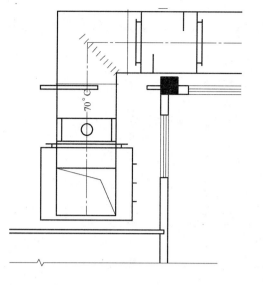

图 3-29 插入消声器和防火阀

图 3-30 "新布置风口"对话框

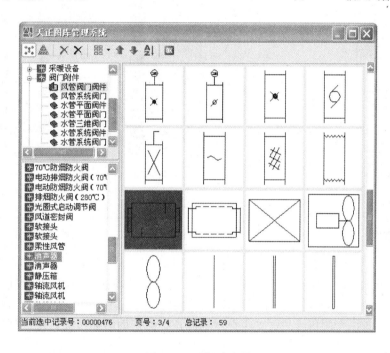

图 3-27 选择消声器

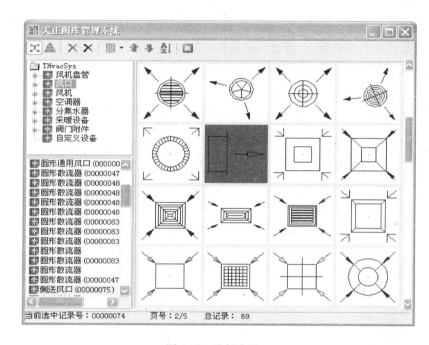

图 3-31 选择出风口

至此，暖通空调风管系统已完成，如图 3-32 所示。

图 3-28 "编辑阀件"对话框

（9）步骤九：

在风管上布置风口。点击"空调"→"新布置风口"，打开如图 3-30 所示的对话框，点击图样可弹出"天正图库管理系统"对话框（见图 3-31），选择所需图样后双击图样可返回。按图示在"基本信息"区域输入尺寸参数、调整角度和风口数量之后，点击风管的布置起始点和终点后，出风口便会平均分布在起始点和终点之间的线段上（布置方式按图选择，如有其他需要可调整）。

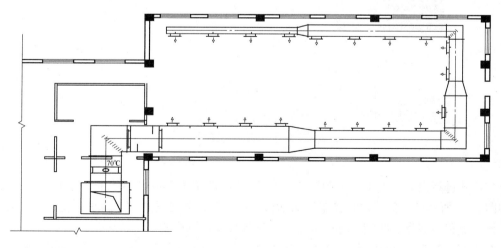

图 3-32 风管系统平面图

3.4.2 空调水管平面图绘制

现继续绘制空调水管平面图。如图 3-33 所示是某校教室的建筑平面图，在此基础上对该图绘制水管平面图。

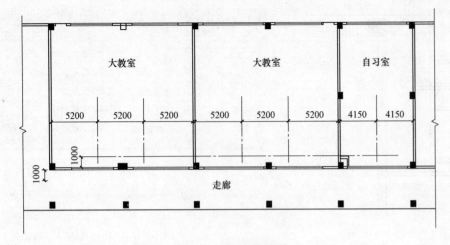

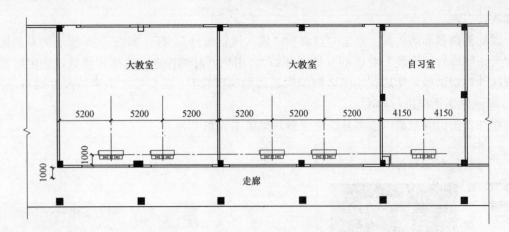

图 3-36 布置风机盘管

图 3-33 教室平面图

当然，如果用户在绘制管线后仍需修改，也可以点击"管线工具"→"修改管线"，弹出对话框进行修改，但这样就明显比较费时。

（1）步骤一：

首先在平面图中布置风机盘管。点击"空调"→"布置风机盘管"，打开如图 3-34 所示的对话框。在对话框中可点击图样打开"天正图库管理系统"，选择风机盘管的型号（见图 3-35）。然后双击图样返回，输入具体的参数后在平面图中插入风机盘管（以定义线交点为插入点，见图 3-36）。

图 3-34 "布置风机盘管"对话框

图 3-37 "空水管线"对话框

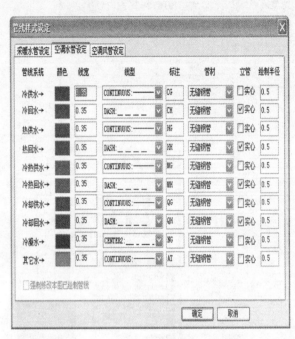

图 3-38 "管线样式设定"对话框

（3）步骤三：

然后布置各水管干管。点击"空调"→"多管线绘制"，打开如图 3-39 所示的对话框。按"增加"按钮，并且按图 3-39 填写管线名称和其他参数，然后按"确定"按钮。

进入管线起点选择。点击左侧折线与定义线交点为起点，然后向右侧拉伸，输入"30000"作为管道长度，确定。效果如图 3-40 所示。

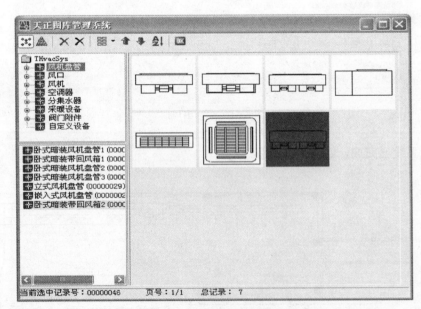

图 3-35 选择风机盘管

（2）步骤二：

先对水管的样式进行设置。点击"空调"→"空水管线"，打开如图 3-37 所示的对话框。再点击"管线设置"按钮，弹出如图 3-38 所示的"管线样式设定"对话框。在此对话框之下的"空调水管设定"分组中，我们可以对各种管线系统的颜色、线宽、线型、标注代号、管材等方面进行设置。

建议用户在绘制水管管线前设置好，以便在接下来的管线绘制按设置进行（本例按照图中显示进行设定）。

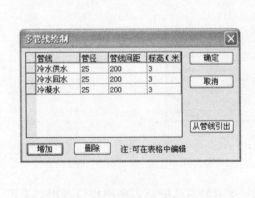

图 3-39 "多管线绘制"对话框

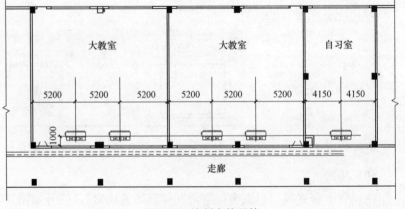

图 3-40 绘制水管干管

（4）步骤四：

再次点击"空调"→"空水管线"，用户可选择不同的管线类型来对冷冻供、回水管和冷凝水管进行绘制。

用户可将每段管道引入立管或排水口。

添加断管符号：点击"管线工具"→"断管符号"，然后选择需要添加断管符号的管线即可。

修改线型比例：用户往往感到奇怪，为何已经完成了管线样式设置，但是诸如虚线或单点长划线等线型都显示成了实线，其原因是线型比例没有设置好。设置方法如下：点击选择所要修改线型的管线，单击右键，弹出快捷菜单（见图 3-41），点击"线型比例"后即可输入比例。

管线的打断：当不同的管线出现交叉时，可通过使用"管线工具"子菜单中的"管线打断"、"管线连接"、"管线置上"及"管线置下"来修改交叉管线。

冷凝水管：在图中的两个地漏左侧分别添加冷凝水立管，点击"空调"→"水管立管"，弹出对话框，设置后即可插入。

（5）步骤五：

连接风机盘管与干管。点击"空调"→"设备连接"，然后选择所有风机盘管和主管管线，确定。

这时在主管处会出现立管，这表明风机盘管与主管的标高不一致，用户可根据具体情况来决定是否需要立管，若不需要可直接手动删除。效果如图 3-42 所示。

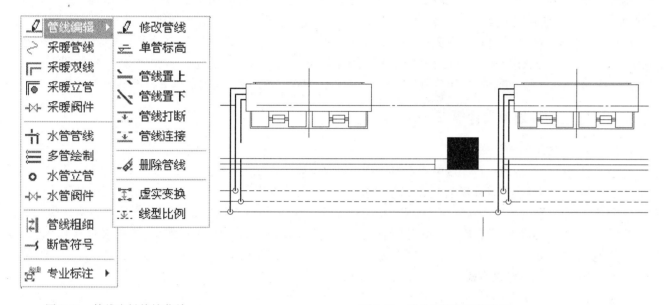

图 3-41 管线右键快捷菜单   图 3-42 风机盘管与干管连接

（6）步骤六：

标注空调水管管径。使用天正提供的标注工具来为水管标上管径十分方便。但前提是用户在绘制管线的时候已经把不同管段的管径设定好，否则会识别出错误的管径。倘若真的需要修改管径，用户可参考步骤二的修改方法。

待所有管段的管径设置正确后，即可使用"专业标注"下的"单管管径"、"多管管径"、"多管标注"等来标注管径。在进行标注操作时应注意的是，从第一次点击的管段开始的直线必须穿过要标注的所有管线，这时要注意避开虚线或点划线的断开部分。

在标注完成后，用户想要对标注进行修改，可双击标注，在弹出的对话框中修改。

综上所述，所有操作完成后的效果图如图 3-43 所示。

3.5 暖通空调工程设计施工图绘制常见错误

暖通空调工程设计施工图由于设备、管路、线型等比较多，要遵守的规范也很多，所以绘制时会犯一些错误乃至非常低级的错误，本章稍微总结一下绘图过程常见的错误。

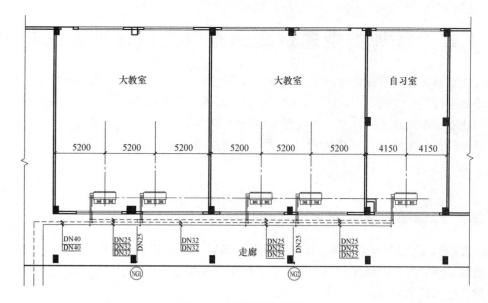

图 3-43 空调水管平面图

3.5.1 平面图常见错误

暖通空调工程设计平面图是最主要的图纸之一。平面图是反映暖通空调工程设计管道和设备布置的平面图，应以直接正投影法绘制。也就是说，平面图中应按假想除去上层板后俯视规则绘制。因此，上层楼板下部（顶棚吊顶）中所安装的管路、风机盘管等等设备应绘制在本层平面图中。

平面图中应用细实线绘出建筑轮廓线和与暖通空调系统有关的门、窗、梁、柱、平台等建筑构配件，并标明相应定位轴线编号、房间名称、平面标高。也就是说，平面图中应反映各设备、管线的平面关系，这是平面图的核心。因此，平面图中各设备是有尺寸的，各设备在图纸中应既要反映实际大小，也要反映和建筑长、宽、高的定位尺寸，换句话说，施工人员拿着平面图就要能够指导施工。

在实践中，平面图中常见的错误有：不标、少标设备、管路的尺寸（包括定位尺寸）；不标明设备的参数（如风量、冷量、功率等）；不按照比例或实际尺寸绘制设备、管路；字体、字号过大、过小或看不清等；线路、管路平面重叠、交叉在一张平面图上又不分开或科学布局等。

3.5.2 系统图常见错误

系统图主要是反映暖通空调工程中冷却水系统、冷冻水系统工作过程的系统原理图。水、汽管道及通风、空调管道系统图均可用单线绘制。目前，一般已不采取轴测图的形式绘制。系统图绘制时，常见的错误有：

系统图中没有标高，不反映各层空调末端的情况；系统图和平面图不能对应，一些最常见的空调设备、附件在系统图上没有反映出来；系统图中回水应用虚线，供水应用实线，一些系统图没有反映出来；冷却泵、冷冻泵的参数没有标明；冷却塔、膨胀水箱画错；冷冻水系统供、回水缺平衡阀或分水缸、集水缸等；冷却水泵、冷冻水泵的方向画错。

3.5.3 剖面图常见错误

剖面图是平面图的补充，由于在平面图上看不到设备、管路中的空间关系和立体关系，此时需要通过剖面图同时结合平面图才可以反映设备、管路的空间情况。因此，剖面图中，剖切的位置非常重要，投射方向线的位置也很重要。剖面图中，应在平面图上尽可能选择反映系统全貌的部位垂直剖切后绘制。当剖切的投射方向为向下和向右，且不致引起误解时，才可省略剖切方向线。

剖面图中除了剖切位置外，尺寸标注、定位尺寸、比例等也容易出错。

第4章　各种类型建筑暖通空调工程设计原则与要点

一项建筑暖通空调工程的设计是否科学、经济，是否优秀，是否易于调节和方便管理，最根本的原则是必须根据建筑的特点进行暖通空调工程设计。因此，要做好暖通空调工程设计，必须掌握各类建筑的特点，只有掌握各类建筑的功能、布局和负荷特点，才能做好暖通空调的节能设计。也只有掌握了各类建筑的使用特点，才能从健康、卫生的角度做好室内环境的设计，才能从用户的需求出发进行设计，才能从根本上满足用户的需求。

4.1　办公类、写字楼类建筑的暖通空调设计

进入21世纪以来，我国办公类、写字楼类建筑发展迅猛。各种中央商务区（CBD）、行政中心区、科技园区、创意工业园等如雨后春笋般涌现，同时也推动了包括行政类办公楼、租售型写字楼、专业办公楼和综合办公楼在内的各种办公建筑的建设。

近年来，一些标志性的办公类、写字楼类建筑不断涌现。这些建筑设计超前，各种管井配备较多，地下室停车、设备等空间规划考虑周到，建筑设计考虑到了抗震、节能、停车、职能化、景观等综合因素，由于教育水平和设计人员素质的提高，也考虑到了建筑各专业的配合问题。这些都为暖通空调专业人员进行设计提供了有利条件。

4.1.1　办公类建筑的特点

4.1.1.1　多功能建筑、高大建筑不断出现

办公类建筑中多功能建筑不断出现，如有裙楼为商业用途，塔楼作为办公使用。再如，各地不断追求标志性建筑，高层办公建筑、超甲级写字楼不断涌现。大型、超大型建筑不断涌现，甚至出现一些造型奇特、怪异的办公建筑。总之，办公类、写字楼类的建筑有朝高大、复杂、智能、大型等趋势发展。

4.1.1.2　建筑的体形系数较大

办公类建筑、写字楼类建筑的体形系数较大，这是因为相对于商业建筑和工业建筑，以及其他类型的建筑，办公类建筑一般中规中矩，外形为矩形、三角形等比较常见。这类建筑一般比较狭长，进深较小，所以导致体形系数较大。

4.1.1.3　建筑布局相对简单

这类建筑，即使有规模较大的会议室，建筑布局也相对简单。因为没有高大的中庭或大堂，没有跨度很大的钢结构屋顶和天顶，所以在进行暖通空调工程设计时，风管的走向和空调系统的分区相对比较简单。如果建筑预留的管井布置合理，数量众多，可以为暖通空调设计节省不少工作量。

4.1.1.4　室内环境应受到空前重视

办公类、写字楼类建筑，相对于商场类建筑，人员流动性小，人员在室内环境停留的时间较长，室内环境应受到空前的重视。这类建筑一般为了考虑节能，对于办公室采取新风系统加风机盘管系统，因此，回风可能有污染、串联，新风量可能不够，室内可能还有电脑、打印机、复印机、传真机等办公设备的辐射污染，因此，必须充分考虑室内环境质量问题。

4.1.2　办公类建筑的冷热负荷和能耗特点

办公类建筑，因为体形系数较大，加之一些城市的办公建筑为追求外观美观大量采用玻璃幕墙等，导致室外负荷（主要是太阳辐射负荷）和新风负荷成为最主要的负荷。人员、灯光、设备等室内的负荷则根据情况成为负荷的重要组成部分。因此，在进行暖通空调设计尤其是进行节能设计时，要充分考虑围护结构的材料、厚度等。如果是高大建筑，还必须考虑设备的管路走向和长度，冷热水机组与负荷末端的长度距离等。因为没有水体蒸发、食品加热或冷却，这类建筑的湿负荷较小，尤其是北方的写字楼，不管是供暖还是空调，湿负荷较小，只需要考虑新风的湿负荷。因此，在进行负荷计算和设备选型时，必须充分考虑这类建筑的通性特点，然后再考虑建筑本身的位置、朝向、高度等进行暖通空调设计。

对于大型办公楼（建筑面积超过10000m²）建筑来说，周边区（由临外玻璃窗到进深5m左右）受室外空气和日射的影响大，冬夏季空调负荷变化大；内部区由于远离外围护结构，室内负荷主要是人体、照明、设备

等的发热，可能全年为冷负荷。因此，可将平面分成周边区和内部区。周边区亦可按朝向分区（平面面积大时）。大型办公楼的周边区往往采用轻质幕墙结构，由于热容量较小，室外空气温度的变化会较快地影响室内，使室内温度昼夜波动较明显。所以，周边区空调负荷的变化幅度以及不同朝向房间的负荷差别较大；一般冬季需要供热、夏季需要供冷。内部区由于不受室外空气和日射的直接影响，室内负荷主要是人体、照明和设备发热量，全年基本上是冷负荷，且变化较小，为满足人体需要，通风量比较大。

办公建筑物外部负荷变化较复杂。在办公用建筑物中，为了提高办公环境条件，采光面都设计的较大，受外部气象条件的影响很大，特别是在过渡季节，经常是以室内的温度为中心反复变化，经常的热取得是日照热负荷或者走在建筑物的各部位在短时期、短时间内呈现热取得和热损失的交替现象。在中大规模的建筑物中，特别是超高层建筑物，由于风压和成本的关系，多采用密闭窗，在过渡季节利用外气调节室内的温湿度比较困难。

另一方面，由于照明的增加和办公器具的设置等，室内发生的热量有增加的倾向，在全年需要冷却的时间有逐渐延长的趋势。另外，在过渡季节室外的气温变动较大，传热负荷、外气负荷反复在冷、暖房之间，为了把室内的温湿度状态保持一定，在这个时期，需要冷、热双热源。当建筑物采用密闭窗时，在冬季，特别是过渡季都连续地需要冷源和热源。在过渡季和冬季必须要有冷源和热源的双热源这个问题，可以说对近来的办公用建筑物和超高层建筑物的空调设备是必要的条件。

我国办公楼室内空调设计计算参数：办公室新风量对于一般办公室为20~30m³/(h·人)；高级办公室为30~50m³/(h·人)。现代化办公楼夏季冷负荷为常规办公楼的1.3~1.4倍。办公自动化（OA）机器设备发热量为10~40W/m²，甚至更大，照明负荷为20~30W/m²（300~800lx），人体发热量约为16W/m²。

4.1.3　暖通空调规划及设计要点

4.1.3.1　办公类建筑的设计规范

目前，有关办公类建筑、写字楼类建筑的暖通空调设计规范，主要有《办公建筑设计规范》JGJ 67-2006。当然，还有暖通空调通用的设计规范《采暖通风与空气调节设计规范》GB 50019—2003和《民用建筑供暖通风与空气调节设计规范》GB 50736—2012中有关办公建筑设计中的条款内容。此外，比较重要的设计规范还有《公共建筑节能设计标准》GB 50189—2005、《室内空气质量标准》GB/T 18883—2002、《民用建筑工程室内环境控制规范（2013版）》GB 50325—2010等规范。

4.1.3.2　办公类建筑的空调方式

对于中、小型或平面形状呈长条形或房间进深较小的办公楼建筑，通常不分内区和外区，一般用低速风道系统（各层机组）或用风机盘管加新风系统的空调方式，亦可用分散式的水源热泵或变频变冷剂流量的VRV系统（造价较高）。近年来，变风量系统（VAV）和VRV系统应用得越来越广泛。

办公建筑暖通空调设计，在系统规划和方案设计方面要注意以下几点：

对系统和各组成设备在容量、对内外影响、对应负荷的灵活性、稳定性、自动控制、经济性、维修管理及节能等方面进行综合考虑。

（1）对于办公建筑空调设备的整个系统应对应负荷的变化具有较高的灵活性，应认真地进行负荷计算，分析已有条件，按照建筑物的用途、负荷性质及其他实际情况规划空调设备。

（2）送风、排风设备及热交换器在设计中不可产生相互干扰。即不要在送、排风口的附近形成气流短路，烟囱排气不要侵入冷却塔等外部热交换器及空调机造成腐蚀等。应调查室外空气的污染程度，考虑必要的空气过滤装置，应注意研究排出的废气及热量对室外环境的影响。

（3）分析全年各不同时刻冷热负荷的最大、最小、平均值，经过分析掌握各不同时刻、方位、气候的负荷变化，进行研究选定冷热源设备容量、台数及自动控制方式。设备的容量应考虑将来发展的要求，但应注意不应产生设备容量过大的现象。

（4）对于内部负荷密度不同的设备系统，可以采用VAV系统（variable air volume system）方式、局部设置小型空调机等方式。除此之外，在大规模办公建筑物中，还要考虑加班等部分使用的运行工况。

办公类、写字楼类建筑暖通空调系统的划分应符合下列要求：

（1）采用集中供暖、空调的办公建筑，应根据用途、特点及使用时间等划分系统。

（2）进深较大的区域，宜划分为内区和外区，不同的朝向宜划为独立区域。

（3）全年使用空调的特殊房间，如计算机房、电话机房、控制中心等，应设独立的空调系统。

（4）采暖、空调系统宜设置温度、湿度自控装置，对于独立计费的办公室应装分户独立计量装置。

（5）办公建筑宜设集中或分散的排风系统，办公室的排风量不应大于新风量的90%，卫生间、吸烟室应保

持负压。

（6）办公建筑不宜采用直接电热式采暖供热设备。

4.1.3.3 办公类建筑暖通空调设计要点

1. 冷热源设置

（1）冷热源集中在地下室，对维修、管理和噪声、振动等处理比较有利，但设备（蒸发器、冷凝器和泵等）承压大，应根据水系统高度校核设备承压能力。如有裙房、冷却塔可放在裙房屋顶上。

（2）冷热源集中布置在最高层，冷却塔和制冷机之间接管短，蒸发器、冷凝器和水泵承压小，管道节省，烟囱短且占建筑空间小。但应注意燃料供应、防火、设备搬运、消声防振等问题。

（3）热源在地下室，制冷机在顶层，它兼有前面两者的优点，但烟囱占建筑空间大。

（4）部分冷冻机在中间层，对使用功能上分低区（中区）和高区的建筑物较合适。

（5）冷热源集中在中间层，设备承受一定压力，管理方便，但中间设备层要比标准层高，噪声和振动容易上下传递，结构上做消声防振处理。

（6）当无地下室可利用或在原有高层建筑增设空调时，可设置独立机房，其优点是利于隔声防振，但管线较长。

（7）冷热源（指风冷单冷或热泵机组）放在裙房屋顶或主楼屋顶或通风良好的设备层中（一定要保证通风良好，否则将严重影响机组出力）。

2. 设备层的布置

设备层是指建筑物的某层其有效面积的大部分作为空调、给水排水、电气、电梯等机房设备间的楼层。避难层可兼作设备层。

设备层的布置原则是：20 层以内的高层建筑，宜在上部或下部设一个设备层；30 层以内的高层建筑，宜在上部和下部设两个设备层；30 层以上的超高层建筑，宜在上、中、下分别设设备层。设备层内空调设备、风管、水管、电线电缆，宜由下向上顺序布置。

一般可按以下原则划分：离地≤2.0m 布置空调设备、水泵等；2.5～3.0m 布置冷、热水管道；3.6～4.6m 布置空调、通风管道；>4.6m 布置电线电缆。

3. 水系统、风系统的设计

在超高层空调水系统设计、规划中，应注意以下几点：

（1）采用大温度差减少循环水量，按一般的水温（冷水 5～8℃热水 40～45℃），将空调风机盘管的利用温差取 15℃左右是可能的。这样就可以减少水泵的动力和缩小配管的管径。

（2）在变流量控制设备的方法中，控制水泵转速的方式是最好的节能方式，但是，要注意成本的增大和水压的减少。

在超高层空调风系统设计、规划中，除充分考虑防火灾问题以外，应注意以下几点：

（1）冬季热空气容易向上层部移动，使下部的暖房效果变坏。这是由于烟囱效应的影响，根据需要应该对应季节对风机的静压进行调节。

（2）通过导入室外空气的空气调节阀或者建筑物低层部各处的缝隙，容易侵入大量的室外空气，负荷比预计的要大。因此，需要选用高性能的空气调节阀。

（3）应该与排烟系统综合地进行设计和系统控制。

4.2 宾馆酒店类建筑的暖通空调设计

随着我国经济的蓬勃发展，宾馆、酒店类建筑的档次不断提高，数量随之增加，许多城市正在规划和建设五星、超五星级的大酒店，高档次、高质量、高性能的酒店、宾馆不断涌现。很多酒店类建筑业成为当地的标志性建筑，这既为酒店建筑的建设提出了相当高的要求，也为暖通空调界带来了新的问题。要做好宾馆酒店类建筑的暖通空调设计，需要结合这类建筑的特点和用户需求才能达到好的效果。

4.2.1 宾馆酒店类建筑复杂

很多宾馆酒店，本身就是标志性建筑，作为城市名片和对外宣传窗口，甚至成为当地的文化符号和城市象征。当代酒店、宾馆的配套功能越来越完善，星级酒店设计既要满足顾客衣食住行的需求，又要使顾客就近受"游"、"购"、"娱"等配套齐全的度假和旅游接待设施等。因此，高档酒店规模越来越大，功能越来越多，既有高大的大堂和中庭，也有地下室、停车场等；还可能有各种规格的会议室；有游泳池、桑拿房、健身房；

有热水、洗衣、锅炉系统；在需要有空调制冷的同时，有的区域和房间也有可能需要供暖供热；酒店、宾馆还配套有厨房、餐饮、宴会功能等。如果宾馆酒店建在风景名胜区，还可能有天然的冷源、热源等可以利用，需要考虑太阳能、地热能等的利用，很多酒店也同时是高层、超高层建筑，这些都给宾馆、酒店类建筑的暖通空调设计提出了难题和挑战。

4.2.2 宾馆酒店类建筑的能耗特点

酒店建筑的功能和特点，必然会导致酒店建筑能耗特点的复杂性和特殊性。酒店、宾馆类建筑是公共建筑中的重要组成部分，而且这些酒店、宾馆建筑规模大，功能复杂，已经成为耗能大户。酒店、宾馆的建筑能耗明显高于同地区公共建筑的平均水平，并且星级越高，能耗越大。

与其他公共建筑相比，酒店建筑是公共建筑中较特殊的一类建筑，这些特殊性包括：不同功能的设备运行时间不同；不同酒店的餐厅数、洗衣房、商务中心房间等数量不同；一年中客房入住率是不断变化的；不同的客人对室内环境参数的要求不同等。由于中国幅员辽阔，从西到东，从北到南，气候条件差异很大，经济文化发展水平也不平衡。相应地，酒店、宾馆单位面积的能耗也相差巨大。

空调系统在酒店的能耗中占有相当高的比重，据统计占到酒店建筑能耗的50%左右。酒店建筑的能耗主要包括：采暖能耗、空调与通风能耗、照明能耗、生活热水、办公设备、电梯、给水排水设备等。由于节能环保工作的经济效益和社会效益非常明显，因此酒店节能建设逐渐引起管理者甚至政府的广泛关注，社会各界对这类建筑的暖通空调设计，尤其是节能设计也越来越重视。

4.2.3 宾馆酒店类建筑暖通空调设计规范

目前，有关宾馆、酒店建筑的暖通空调设计规范，主要有《旅馆建筑设计规范》（JGJ 62—90）。当然，还有暖通空调通用的设计规范《采暖通风与空气调节设计规范》GB 50019—2003 和《民用建筑供暖通风与空气调节设计规范》GB 50736—2012 中有关办公建筑设计中的条款内容。此外，比较重要的设计规范还有《公共建筑节能设计标准》GB 50189—2005、《高层民用建筑设计防火规范（2005 版）》GB 50045—1995、《建筑设计防火规范》GB 50016—2006、《汽车库、修车库、停车场设计防火规范》GB 50067—1997、《地源热泵系统工程技术规范（2009 年版）》GB 50366—2005、《建筑给水排水设计规范（2009 年版）》GB 50015—2003、《锅炉房设计规范》GB 50041—2008 等。

4.2.4 宾馆酒店类建筑暖通空调设计要点

4.2.4.1 切合建筑物所在的位置

这里所说的位置不是简单的知道酒店在什么地方，你还需要了解酒店的地理位置、气候环境位置、人文文化位置等。对地形复杂地区气候环境位置的了解非常重要。比如一个临山面海的酒店，就需要强调自然通风的设计配合；在一个比较偏远的深山水库旁边，可以采用水源热泵、地源热泵等冷热源方式。而在市中心区域，为了满足建筑功能上的隔声、降噪及降低城市热岛效应对一些使用区域的不良影响，就不能为了强调自然通风要求建筑专业把该区域做开放、开敞式设计。人文文化位置是指当地的文化氛围与一些传统习惯，比如有些酒店是古典式的，不希望看见风口等，空调设计人员在满足空调使用效果的基础上应积极配合建筑从系统设计、装修配合上尽量把风口等与人文文化相抵触的因素隐藏起来或结合在装修之中。

4.2.4.2 充分掌握建筑的规模、功能划分特点

在进行暖通空调工程设计时，优秀的设计师一定能满足业主和使用者的需求，能充分根据建筑的功能进行系统划分和方案设计。如酒店、宾馆的规模宏大，大堂高大，装修豪华，则在暖通空调的节能设计、排烟设计、气流组织设计等方面，都必须考虑建筑的特点和使用者的特点。特别是酒店有大量的蒸汽、热水和余热的时段，又有冷气供应的需求，则可以充分考虑冷、热源的综合利用，在方案设计、设备选型时必须充分考虑这些要求。再如，如果装修豪华高档，在进行末端设计、风口设计等方面的设计时，必须考虑装修的效果，酒店的主题风格是指导空调末端设计的关键，比如一个简约型主题风格和一个古典型的其风口配合会出现不同的概念。不同的酒店管理公司会在一些细微的地方提出不同的要求，需要设计师去满足它，如果根据地域特点，酒店管理公司的有些要求使甲方额外花费冤枉钱，设计人员应想办法说服酒店管理公司的技术人员并通报甲方。这都要求在进行暖通空调设计时要准确了解建筑的规模、功能划分，这是设计系统的关键，防止在设计中方案阶段的配合与后面的深化设计出现较大的偏差。

4.2.4.3 设计参数的确认

室外参数的确认：室外参数一般是无法改变的，由当地的气候参数来决定，但暖通空调设计好不好，能不

能充分利用当地的气候条件进行设计，这是检验设计人员的基本功底之一。室外参数的确定根据气象台站提供的数据确定，当无气象台站数据时采用附近气候最接近的台站参数。确认市政资源，余热、余冷、能源情况。确认江河、湖水、海水、土壤等自然资源情况。温泉酒店应收集温泉排水的物理、化学参数，了解水量及运行规律。其他的外部条件（例如城市有集中供冷、供热等）。

室内参数的确认：温、湿度设计首先应按国家节能规范设置，但是室内设计参数按现行的节能规范一般不能满足五星级酒店的管理要求，需要甲方与相关部门及施工图审查单位进行沟通。关于室内参数的设定，要在经济性、扩展性、适用性之间取得平衡；要在高档奢侈与节能实惠之间取得平衡。比如，当酒店需要进行境外"绿色建筑"认证时，应注意新风量是要求放大30％的，比办公就变成了每人39m³/h。再如，按《设计规范》规定，冬季室内空气计算参数，盥洗室、厕所不应低于12℃，浴室不应低于25℃。然而，有的酒店、宾馆的厕所、盥洗间（设有外窗、外墙）、卫生间（冬季有洗澡热水供应，应视作浴室）未设散热器，很难达到室温不低于12℃和25℃的要求。

4.2.5 宾馆酒店类建筑暖通空调设计的一些经验

4.2.5.1 空调系统冷、热负荷

冷负荷计算：要采用正规软件进行逐项逐时冷负荷计算，计算内容按照《采暖通风与空气调节设计规范》的要求。外围护结构参数、人员数量的选取要与建筑专业统一。按节能规范选取的室内参数，冷负荷计算结果选取主机时不取同时使用系数。如果负荷计算是按酒店管理公司提供的室内参数进行的，根据笔者的经验，利用冷负荷计算的结果选取主机时宜取0.7～0.9的同时使用系数。

热负荷计算：要按照《采暖通风与空气调节设计规范》的要求进行空调供暖系统热负荷计算；根据建筑条件进行厨房用热热负荷计算；要求工艺提供洗衣房热负荷或根据服务人数进行洗衣房热负荷计算；确定游泳池的加热方式，如需空调热源提供需计算其热负荷；请给水专业设计师提供生活热水热负荷；应计算其他热负荷，例如：SPA等。

4.2.5.2 室内空气品质与舒适度

在设计过程中宜运用FLUENT、StarCCM+等专业软件，对未来空间的舒适度指标如温度场、风速场、空气龄场、PMV场等，进行系统模拟，对房间的气流组织、室内空气品质（IAQ）进行全面综合评价，同时在此基础之上建筑师和暖通工程师应共同确定适当的设备系统和末端形式的选择，以达到空间艺术舒适度和节能的最佳效果，并保证空间舒适度的要求。越是高档的酒店宾馆，越要注重室内空气品质的问题。

关于风系统设计和空调末端，客房部分采用风机盘管加新风系统；总统套房的新风应考虑独立系统；大堂、宴会厅、大空间餐厅、大型会议室、中型会议室采用全空气空调系统；餐饮小包房采用风机盘管加新风系统，如果附近正好有机电夹层，可采用小柜机；风口的设计需根据装修确定，注意风口风速不得产生二次噪声。

各功能房间的末端系统设计及装修要配合好。如客房，冷风不能吹床头；风口不能产生二次噪声，坚持建筑给足够的尺寸；机组进出风管段要做消声处理，保证满足五星级客房的噪声要求；机组要便于检修；阀门便于操作；凝结水便于排放，消除漏水隐患。

4.2.5.3 冷、热源的选择与设计

冷源系统：要根据工程所在地的能源政策及能源供应情况进行选择，主要能源有燃气、电、电厂或工厂余热。要求能源供应一定要稳定；有两种以上选择时，采用价格便宜，经济合理的能源，并设计合理的系统。根据节能需求，了解工程所在位置的自然资源，江河、湖水、海水、土壤等是否可以用来散热，有无其他可直接利用的自然冷源。酒店项目有稳定的热需求时，采用电制冷时宜设计冷凝热回收系统或热泵热水系统冷回收。在有优惠电价下用蓄冷系统。另外，要根据冷负荷的计算结果、服务功能、各区域运行情况，合理配置主机的大小、数量，兼顾节能、节地和低负荷运行要求。

热源系统：要根据工程所在地的能源政策及能源供应情况进行选择，主要能源有燃气、电、电厂或工厂余热。有两种以上选择时，采用价格便宜，经济合理的能源，并设计合理的系统。了解工程所在位置的自然资源，江河、湖水、海水、土壤等是否可以用来散冷，有无其他可直接利用的自然热源——温泉、地热。酒店有洗衣房时需设置蒸汽锅炉或有压力符合使用要求的其他蒸汽来源。酒店无洗衣房时，可采用热水锅炉、城市热网换热，地源、水源热泵热水机组，南方地区可采用风热热泵热水机组。变、配电室、洗衣房、温泉酒店的废水的热量回收系统提供员工淋浴热水或其他用途。机组配置要合理、保证运行安全。

4.2.5.4 暖通空调水系统的设计

五星级酒店的空调水系统一般设计为四管制系统，对于内区大型餐饮、宴会的功能区，由于需要全年供冷，可设计为两管制系统，对于后勤、可集中进行供冷、供热转换的公共区域宜设计为带冬夏转换的两管制系统，也称"假四管系统"，以节省甲方投资及建筑空间。

旅游酒店分散成几个集中的点时可考虑二次泵系统，一般采用一次泵系统增加运行安全度。

要注重水力平衡，支路划分合理，采用较好的平衡阀及温控设备，不可以把所有问题交给平衡阀解决，一定要真实地进行水力计算。为防止客房冷热不均问题，客房的风机盘管水系统一般应布置为管路同程或者分区域设置支路及阀门调节。

比如，按《锅炉房设计规范》GB 50041—2008的规定，高位膨胀水箱与热水系统的连接管上不应装设阀门。这里所说的连接管是指膨胀管和循环管。此条对空调冷冻水系统也是适用的。但有的空调冷冻水系统高位膨胀水箱的膨胀管至冷冻机房集水器上且安装了阀门，这是不允许的。一旦操作失误，将危及系统安全。

4.2.5.5 一些需要特别考虑的场合

1. 大堂
（1）此处是酒店的门面，要尊重装修设计意图；
（2）风口要上档次，要给装修设计多种选择；
（3）不能随便答应减少风口数量，如果不冷对酒店将来影响更大；
（4）合理处理好回风，可利用建筑的一些隐蔽的角落回风；
（5）处理好消声问题。

2. 宴会厅
（1）装修师没有明确概念时，以空调均匀布置为原则；
（2）装修概念出来后，装修需提供空调送、排风口、排烟口的可利用资源；
（3）要有好的装饰图案弱化风口对装修的影响，图案要简单，尽量不影响气流；
（4）采用条缝送风时，避免冷风直吹到1.8m以下，要计算好送风速度。

3. 中餐厅大堂及包房
（1）大空间部分一般为平天花，风口布置能做到结合天花均匀布置，有时会根据装修需求做成侧送或条缝下送；
（2）空调回风口、排烟口的处理需要多花费时间，处理不好，天花会很难看，可利用天花造型弱化回风口、排烟口太大造成的影响；
（3）包房一般为风机盘管侧送，下送的比较少，利用包房入口压力低的空间一般不会有大的问题。

4. 洗衣房
（1）以工艺流程为主，做好岗位空调的设计，利用风机盘管处理到26℃的新风直吹，防止处理到15℃左右的冷风直接作为岗位送风；
（2）根据预留的风机、风井位置协商调整设备布局，使空调系统与工艺布局共同合理；
（3）排风消除纤维的做法最好由洗衣房厂家配备，如果没有需自行设计水系统，建议由洗衣房厂家带去参观。

5. 厨房
（1）以工艺流程为主布置送、排风系统；
（2）根据预留的风机、风井位置协商调整设备布局，使空调系统与工艺布局共同合理；
（3）实在解决不了层高问题时要求厨房公司考虑炉灶排风罩尺寸外形；
（4）精加工、粗加工、准备区、备餐区有不同的空调要求，应分别设置空调系统；
（5）厨房的补风要求降温处理，一般处理到26～28℃，补风量不小于80％；
（6）厨房的事故排风可与排烟系统共用系统，但是要注意风机要能满足两方面要求，否则需分别设置风机。

比如，《饮食建筑设计规范》JGJ 64—1989对厨房操作间通风作了明确规定：（1）计算排风量的65％通过排气罩排至室外，而由房间的全面换气排出35％；（2）排气罩口吸气速度一般不应小于0.5 m/s，排风管内速度不应小于10 m/s；（3）热加工间补风量宜为排风量的70％左右，房间负压值不应大于5Pa。然而，有的工程的厨房未设排气罩，仅在外墙上设几台排气扇；有的虽然设置了排气罩，但罩口吸气速度远小于0.5m/s，选配的排风机风量不足。大多工程未设置全面换气装置，亦未考虑补风装置，难以保证室内卫生环境要求及负压值要求。

4.3 商场类建筑的暖通空调设计

4.3.1 商场类建筑的特点

商场类建筑（以大型购物中心、多功能Mall为例），一般也是当地的标志性建筑，是大型或超大型的公共

建筑。集购物、吃喝、休闲娱乐、停车等功能于一体。商场类建筑，与其他建筑相比有其自己的特点：商场的功能性质，决定了其位置往往处于城市繁华热闹的中心地带，建筑拥挤、用地紧张，在紧张的用地条件和建筑内部无严格日照要求的情况下，商业建筑往往具有体量大、体形系数较小、内区较多、进深较长、空间集中、外表面相对简洁等特点。同时为满足消费者的心理，吸引成千上万的顾客，经营决策者都非常注重形象，因为外观时尚和通透的特点，外部常常使用大面积的橱窗和玻璃幕墙，在商场内部则设置上下透空的共享中庭。使购物者有丰富而有情趣的空间感受。这些建筑特点，决定了此类建筑的暖通空调设计具有其独特的难点。

4.3.2 商场类建筑的能耗与负荷特点

商场类建筑的能耗，不管是地上商场还是地下商场，都有独特的特点。商场建筑的室内负荷，可分为包括人体、灯光与设备在内的内部负荷和包括各围护结构在内的外部负荷。因为商场这样的建筑，内区多、体形系数小（与办公类比），即建筑比较方正，加之商场建筑的人流量特别大，所以体现为建筑负荷以新风负荷和人员负荷为主，围护结构的负荷相对比较小。由于室外气象条件全年都在变化，且商场的客流量也是不断变化的，所以空调负荷也随之变化。人员密度的影响非常显著，在负荷中所占比例相当大。商场内区大，人员密集，照明负荷大，人体散热、新风负荷和照明负荷占了绝大部分负荷，并且一年四季和一天内各时刻都在变化，而商场湿负荷大，热湿比小。当然，由于商场的景观照明和橱窗照明等比较大，照明负荷也是比较大的。

对于商场建筑，由于室内冷负荷受人流和灯光的影响较大，使得全年的供冷期较长，且基本上是随着纬度的降低而逐渐增加。一些文献指出，即使是哈尔滨这样的寒冷地区，冷负荷由过渡季到夏季变化非常大，供冷时间达到了全年营业时间的63%左右，而像广州、深圳这样的城市，其商场类建筑，全年都需要供冷。

另外，对于商场类建筑，由于冷负荷大，需要冷负荷的时间长，而且热水的消耗量很小，可以利用过渡季节的新风冷负荷，特别适合热回收机组、水环热泵、冷却塔供冷等空调方式。同时，由于在过渡季仅利用室外新风向室内供冷的时间较长，负荷受人流的影响变化大，适合采用变风量空调系统，使其风量随负荷而变化，将会在满足需求的基础上，减少系统的运行风量，从而减少系统的运行能耗。据对一些大、中型商场设计计算分析，商场中仅人体和新风两项冷负荷就占总总负荷的73%～80%，而人体负荷和新风负荷决定于商场客流量的多少。由于商场客流量大小受商场地理位置、季节、时间变化等许多因素影响，使得商场设计负荷和一年中大部分时间的平均负荷相差十分明显。另外商场内各层、各区负荷变化也不一致。为适应这种变化，达到商场空调节能的目的，在商场空调设计中选用变风量柜式空调机组是十分合理的。

4.3.3 商场类建筑暖通空调设计规范

目前，有关大型商场、购物中心等商场类建筑的设计规范还没有出台，还是沿用比较旧的《商店建筑设计规范》JGJ 48—1988 作为设计依据。2011 年，住房和城乡建设部发布了《商店建筑设计规范》的征求意见稿，由中南建筑设计院股份有限公司牵头，认真总结实践经验，参考有关国际标准和国外先进经验，并在广泛征求意见的基础上，对原《商店建筑设计规范》JGJ 48—1988 进行了修正，但商店建筑设计规范最新版目前还没有正式发布。征求意见稿非正式发行版本，不宜作为设计依据。但总体上其内容是基于对旧版本的完善、改进和提高，也是很多设计人员多年经验的思考和积累，设计时倒是可以借鉴、参考的，尤其是在功能、安全等方面的内容。

4.3.4 商场类建筑暖通空调设计要点

4.3.4.1 气流组织

商场类建筑，一般层高较高（净高 3.2m 以上），基本上属于公共开间，办公室类的小开间比较少，因此，比较适合全空气系统，且管路布置比较方便。同时，对于集中送风系统，根据公共建筑节能的要求，宜设热回收系统。气流组织宜采用上侧和顶送、上排的方式。由于上侧送时送风口往往被货架遮挡，因此顶送最佳。一般采用平送型散流器，如果吊顶较高时，则应采用下送型散流器或百叶风口。排风口布置在通道或靠近侧墙（货架）顶部。一般在排风系统管路布置时，应与防火分区、防烟分区统筹考虑，平时的排风系统（排风口）即为火灾时的排烟系统（排烟口）。也就是说，排风排烟共用系统的设计方案，既节省投资，又安全可靠。

4.3.4.2 暖通空调的节能设计

大型商场大门大，为防止室内冷（热）空气逸出，商场的对外出入口应设置空气幕，以抵挡室外空气进入商场内。商店营业厅空气调节宜采用低速全空气单风道系统；有条件时，可采用变风量系统。有条件时可设全热交换器，夏季回收冷量，冬季回收热量，以减少能量的消耗。特别是在过渡季节，可以利用过渡季节的新风冷负荷，特别适合冷却塔供冷等空调方式。在全年都可以考虑热回收机组、水环热泵等空调方式节能。

4.3.4.3 空调处理方案和室内参数选取

有内区的商场，其周边区与内区的系统应分开设置，以便冬季可以同时实现内区供冷、周边区供热，并且可以充分利用室外空气的自然冷源。

空调系统的选择，大空间宜首选集中式全空气空调系统。较小的、低标准的营业厅可选用吊挂式、柜式空调机组。

按照我国暖通空调工程设计相关规范及有关标准，商场夏季室温为 24～28℃，相对湿度为 40%～65%。商场人员多，湿负荷较大，热湿比小，要达到规范要求，应采取全空气一次回风再热系统来处理空气，但大多数商场的全空气系统都采取露点送风方式，而不设再热加热器，目的就是为了节能和省去夏季供热设备的运行费用，这就使室内空气状态点右移，湿度偏大，使得大多数商场夏季都感到潮湿。因此，如果采用露点送风方式，就要适当降低室温，以改善室内的热舒适状态，建议室温不超过 25℃。对于风机盘管系统，吊挂式或柜式机组系统更是无法解决大量除湿和再热问题。

商业建筑空间大，装饰要求高，湿负荷大，室内污染物多，应首选集中式全空气系统。其优点是组合式空气处理机组可以有较大的空气除湿和过滤能力，并可以进行多功能调节，满足空调精度要求，过渡季节可以充分利用室外新风实现供冷。缺点是需要比较大的地下层空间作为空调机房。

4.3.4.4 人员的取值

人员密度的取值大小是直接影响到设计冷负荷的重要因素，但规范中并没有进行限定，可以根据一些文献和调查结果进行选取。设计中可参考建筑设计规范分层取值，但是要考虑大、中、小城市人流密度的区别。大城市商场可以取 0.7～2 人/m²，中小城市可以取 0.2～0.7 人/m²。一层最大，一层以上或地下层依次递减，人员密度还要考虑经营品种的不同和商业建筑在城区内地理位置的不同。比如，服装、百货商场客流较多，工艺品、珠宝首饰、钟表、精品、高档商品的客流较少。

4.4 医院类建筑的暖通空调设计

4.4.1 医院类建筑的特点

随着我国经济的不断发展，我国卫生保健事业进入快速发展时期。为了满足老百姓对医疗卫生不断增长的需求，各地新建、改建了大量的医疗卫生设施。这些医院投资巨大，功能齐全，舒适度提高。而在医疗设备方面，一些医院配置了许多先进诊疗设备，建立了完备的检验、分析、诊断用科室。医院建筑作为具有极强专业性的特殊建筑，特别是综合性医院建筑具有很健全的医疗建筑功能，有严格的医疗工艺要求，内部建筑布局非常复杂；医院同时也是易感人群、带病人群和医护人员集中共存的场所。

医院作为特殊的公共建筑，其最大的特点是必须保证良好的室内空气品质，防止病人与患者、工作人员交叉感染。因此，医院建筑的暖通空调系统要保证就医患者、陪同人员及医护人员的舒适度和必要的空气品质。医院是各种各样病人患者的聚集场所，他们既是自身免疫力非常弱的人群，同时又是各种细菌、病原体的携带者、产生者，这就需要医院建筑设计从防止交叉感染的层面给予足够的重视和考虑。就暖通空调工程设计来说，应严格细化分区，维持各个不同功能房间的合理压差，控制气流流向，合理选择气流组织形式。例如感染疾病科、手术室、病房的空调通风设计截然不同。感染疾病科内为负压，周围空气流向科室内，保证有害病菌不外泄。再如，病房的压力为微正压，气流大部分流向和病房配套的负压卫生间，一部分由窗流向室外。这些特点，只是医院众多功能的一小部分，但是它们基本上能说明医院暖通空调工程设计的一个基本原则，就是合理控制压差，保证气流组织和流向，达到抑制有害物质扩散，防止交叉感染的目的。

另外，医院是一种特殊的建筑，还必须保证手术的安全，对能源供应的要求比较高，不能中断，而且，医院的环境还要有利于患者舒适和康复。

4.4.2 医院类建筑的能耗与负荷特点

医院是高能耗的建筑，用能特点有其自身特殊的因素。随着医疗技术的不断进步和诊疗设备的不断更新，医院建设的相关标准已大大提高，各项能耗也随之不断上升。医院能耗包括：采暖、通风、空气调节、蒸汽、热水、照明、医技设施及其他动力设施等能耗。其中，空调能耗（采暖、通风、空气调节）和供热能耗（热水、蒸汽）占有很大份额，已达到总能耗的 60% 左右，并且比例还在不断提高。医院的能耗和暖通空调负荷较大，这是因为：第一，随着医疗需求的提高，耗能较大的医疗、诊疗设备不断增多，导致其用电负荷不断增长。第二，医技、医务等部门出于卫生考虑，有大量的蒸汽和热水要求。第三，医院为了给病人及医护人员提供良好的就医及工作环境，满足治疗过程特殊的温湿度要求，需要增加制冷、采暖、加湿、通风负荷。第四，医院特殊的通风正、负压环境，造成通风量巨大，散热、散冷较多。因为要保证气流从手术室流向洁净走廊、辅助用房、缓冲，最终流向手术部区域外，总体方向是由洁净区流向污染区。

洁净手术部就是典型的例子，手术室内有大量先进医疗设备，人员多，散热量大，冷负荷高达 250～350W/m²。医院暖通空调系统的能耗正是由于上述对其功能的要求，才使得整个系统的能耗居高不下。医院作为高能耗建筑的同时，也意味着其存在巨大的节能空间。在当前能源紧缺和国家节能减排的大环境下，在暖通空调设计中根据医院的用能特点实施暖通空调系统节能有重要的意义。

4.4.3　医院类建筑暖通空调设计规范

医院类建筑是比较复杂的，包含的专业内容很庞杂，而且这几年在不断推陈出新。可以这么说，在所有建筑物中，医院算是比较复杂和综合的了。有关医院类建筑暖通空调设计规范，除了一般建筑暖通空调设计所具备的规范（如高层建筑、建筑消防、地下停车场等设计规范）之外，比较重要的设计规范有《综合医院建筑设计规范》JGJ 49—1988，如果是传染病医院，还有《传染病医院建筑设计规范》。2003 年上半年，SARS 的暴发流行，使得传染病的控制，特别是通过空气传播的传染病的控制，得到了充分重视。各地医院在易于隔离的地方新建、改建了相对独立的发热门（急）诊、隔离观察室及专门病区等，但缺乏基本的统一要求及规定。为此，国家有关部门编制了《传染病医院建筑设计规范》。

此外，还包括一些专门的规范，如《医院洁净手术部建筑技术规范》GB 50333—2013、《生物安全实验室建筑技术规范》GB 50346—2011 等。

4.4.4　医院类建筑暖通空调设计要点

医院类建筑暖通空调工程设计是一个系统工程，涉及各个相关专业。而暖通空调系统效果如何（节能与舒适），主要取决于设计、施工、运行管理的正确性、合理性和规范性。医院建筑的快速发展，医疗设备的技术更新，使医院建筑对暖通空调专业提出了非常高的要求，不但有舒适性的热环境要求，也有医疗工艺的要求，它是促使病人康复、提高医疗手段、保障医疗设备运行的保证。暖通设计人员应充分了解医院建筑的功能特点和技术要求，与时俱进，精心设计，才能为医、患人员创造一个卫生、舒适的医疗环境。

4.4.4.1　暖通空调设计要考虑将来的发展

医院类建筑的暖通空调设计，要考虑灵活布局设计与分区的需要，要考虑到医疗机构将来发展所带来的扩容需求。医院类建筑布局比较复杂，医疗建筑在规划、设计时，要考虑到医疗建筑系统的复杂性以及高额的建设投资，暖通空调设计中要综合考虑项目设计、规划、决策将来的发展，强调将人员的健康作为评估项目建设运营方案的基本准则，以更好地满足未来改造扩容和增加医疗设备的需要，体现可持续发展的理念。因为一旦医院停工改造，代价巨大，也会影响病人的休息、康复等。

4.4.4.2　暖通空调系统设计要独特考虑

随着医疗技术的进步，我国外科领域取得了巨大的进步，而一些大型、复杂、深度手术的防止术后感染已经成为手术成功的关键，防止术后感染单纯依赖化学消毒与药物控制不但使耐药性菌株不断产生，还会引起术后感染的主要致病菌发生很大的变化。大型医设备需要可靠的保障系统。X 光机、MRI 磁共振、CT、ECT、钴 60 放射室等医用设备均有大量的散热量，需可靠的空调通风系统维持合适的温湿度，以保障设备的正常运行及满足工作人员的舒适性要求。

医院暖通空调系统不但要为病人和医护人员创造一个舒适的环境，更需要一个干净卫生的环境，既要保护医护人员防止交叉感染，也要考虑节省运行能耗。如全空气系统有利于对空气进行深度处理，有利于提高过滤级别，有利于满足医院对空调系统的高要求。但控制的灵活性不如新风加风机盘管系统。而风机盘管的翅片、水盘容易积灰，凝结水使水盘成为孳生细菌的污染源，过滤器的拆洗过程也容易对房间产生污染。设计时应根据不同房间的大小、使用功能灵活处理。门诊楼的建筑设计以大候诊小诊室为趋势，候诊室的空调系统以全空气系统为宜，诊室可采用新风加风机盘管系统或采用全空气系统。采用全空气系统时，系统划分不宜跨越科室的划分，应避免系统跨越有内热冷负荷的区域与没有内热冷负荷的区域；系统宜变新风比运行。

4.4.4.3　选择合理的冷热源方案

医院的功能复杂，各功能区域楼栋的空调使用时间和负荷特征均不相同，门诊、办公、行政、后勤等仅需白天使用空调，而急诊、手术室、病房 24h 需要使用空调。医院的冷负荷主要是空调冷负荷，医院的热负荷包括空调热负荷、卫生热水用热负荷、消毒用热负荷、食堂用热负荷等。其中卫生热水、消毒用热、食堂用热等全年存在。一般 7℃ 的冷水可满足医院空调系统的需要，消毒、食堂用热需要蒸汽，空调用热、卫生热水的热

源是蒸汽或热水。因此医院的冷热源设计要符合医院的冷热负荷特点，配置上既要满足最大负荷，还要在最小负荷时冷热源设备运行时具有较高的效率。在冷热源设计时，应充分考虑医院冷热负荷、气象条件、能源结构、政策、价格等因素。

医院一般都由多栋建筑组成，尽可能设置集中的冷热源中心，提高设备利用率，减少装机容量。冷热源方案除采用电制冷机组锅炉这一常用方案外，有条件的医院，采用水源热泵系统是节能的方案，该方案被许多医院采用。通过负荷分析，将冷热源一体机（也称能量提升机）应用于冷热源方案中也是一项节能的选择。当采用锅炉为热源时，热水锅炉的热效率比蒸汽锅炉的热效率高，空调用热等尽可能采用热水锅炉。手术室、ICU 病房的空调冷热源除利用大中央空调系统冷热源外，一般还采用一两台风冷热泵机组为备用冷热源，也可采用一台小的地源热泵为备用冷热源。

医院的功能复杂，各个科室的使用时间和空调负荷特性不尽相同。在冷热源配置时，除满足最大负荷外，还应注意最小负荷时，冷热源能否正常运行和有较高的能量效率。例如：在医院综合楼中，只有病房、急诊室和手术室有夜间负荷。但在最小负荷发生的过渡季夜间，也许只有少数几间手术室在使用。为应对这种情况，在夏热冬冷地区，通常采用独立空气源热泵机组作为急诊室、手术室及 ICU 过渡季空调的冷热源。所以，最大、最小及特殊负荷均应统筹考虑，才能打造出灵活、高效的运行系统。

4.4.4.4　选择合理的新风量和气流组织

暖通空调系统摄入新风量是要达到调节室内空气质量，维持房间正压，防止交叉感染等目的。医院空调通风系统需合理的气流组织。医院建筑应尽快控制并排走污染物，保护医护人员，在建筑内部形成合理的空气压力梯度，合理控制气体流向，避免污染空气和清洁空气交叉。这需要医院的空调通风系统有合理的气流组织。

在满足室内卫生要求的前提下，在非工作班或患者较少时，适当减小新风量，对于降低新风及运行能耗，是有显著效果的。另外，新风系统上的过滤净化装置应该定期清洗更换，保持清洁，以维持其正常的工作效率和较低的流通阻力，达到降低运行能耗的目的。

对医院类建筑的通风设计，创造高度无菌的手术环境成为必要，包括手术器具、用品的无菌和手术室空气的无菌。而靠传统的化学消毒已经不可能达到或持续维持这些手术所需的高度无菌手术环境，空调系统对空气的净化处理成为最有效的手段。因而洁净手术部及无菌病房的净化空调设计成为医院建筑对暖通空调专业的要求之一。除了有洁净要求的手术部和无菌病房，医院的其他区域也需要更好的空气品质，以利于保护病人和医护人员。所以设计中应充分考虑新风量的取值及提高空调系统的过滤级别，医院空调系统不但需要补充新风满足人体需要，还需利用新风稀释消除医院在消毒、使用过程中产生的异味气体、水汽等。

4.4.4.5　特殊区域特殊处理

医院暖通空调是医院运行的重要保障。随着现代医院医疗技术的进步，管理经验的提高，各种先进的医疗设备、信息设备成为医院的标准配置。这些设备散热量大，需要独立的机房，有自己固定的温湿度要求，其中一部分还需要净化要求。为了保证设备的稳定性、可靠性，需要为这些功能用房设置独立的空调系统。其中一些设备产生或可能产生有害物质，还需要单独的排风设施。例如：普通 X 光室、CT 室、电子加速机室、核磁共振机室、信息中心、计算机房等。从上述举例不难看出，医院空调系统已经成为疾病诊断治疗及医院正常运转强有力的、不可或缺的技术保障。

医院暖通空调是治疗康复的重要手段，医院空调的功能绝不仅是提高环境的舒适度，在多数情况下，适宜的空调环境是治疗和康复的重要因素，在某些情况下，甚至是主要的治疗方法。

例如，根据研究证明，烧伤病人的康复需要热、湿的环境，病室的温湿度达到干球温度 32℃ 和相对湿度 95% 最适宜治疗。而甲状腺功能亢奋患者为了促进皮肤辐射散热和蒸发散热，缓解病情，需要凉爽、干燥的环境。心脏病患者特别是充血型心衰病人，因血液循环不足导致无法正常散热，需要空调作为辅助治疗方法。根据上述临床举例可以看出，医院的暖通空调已经成为治疗、康复的重要手段，各种特殊的区域有特殊的温湿度要求，在暖通空调设计中需要做特殊处理。

4.4.4.6　暖通空调的节能设计与过渡季通风的考虑

医院类建筑的暖通空调能耗巨大，同样，节能潜力也很大。随着办公自动化和先进诊疗设备的出现，各科室的设备散热量大幅提高，使得空调的冷负荷本身就很大。由于各科室的温湿度要求均有所不同，使用时间也不尽一致，而且不能完全保证相近室内参数的科室在建筑平面上相邻，导致空调系统分区必须细化，以此满足科室在不同时间独立控制、调节房间参数的功能。从而致使机组、风机长时间运行，能耗增加。为了保证各科室内的空气品质，维持合理的压差、空气流向，以达到防止通过空气交叉感染的效果，就需要加大新风量和送风量，并保证一定的排风量与送风量相匹配。这样的结果是新风负荷很大，运行能耗高，这也是由医院建筑的性质所决定的。另外，为了保证气流方向、压力梯度、洁净度，空调系统需要较大新风量，并维持相应的换

气次数，所以新风负荷及运行能耗都非常高。由于各科室负荷分散，空调系统的水路及风道较长，从而导致系统的驱动能耗比普通公建大。在医院类建筑的暖通空调设计中采用的节能技术种类很多，大多数也比较成熟，主要有热回收、冷却塔供冷、蓄冷技术、变频调速技术、设备自动化系统。

过渡季取用室外空气作为自然冷源，当供冷期间出现室外空气比焓小于室内空气比焓时（过渡季），应该采用全新风，这不仅可以缩短制冷机组的运行时间，减小新风能耗，同时也可以改善室内空气品质。

采用节能措施时，应设置最小及最大新风阀，既能保证冬夏季的最小新风量，又能保证过渡季全新风运行。

4.4.4.7 设计中容易忽略的问题

医院类建筑的暖通空调设计中，一些在普通公共建筑空调系统可以采用的方法、方式，如果出现在医院空调设计中，则可能成了问题，且易忽略。如：

（1）新风量的设计。除了《医院洁净手术部建筑技术规范》GB 5033—2013 对洁净手术室有新风量的规定外，现有《综合医院建筑设计规范》JGJ 49—1988 对新风标准没有明确的要求，目前门诊常采用 $20 \sim 30m^3/$（人·h），病房采用 $30 \sim 50m^3/$（人·h），但在人员密度选取时，各人选取的标准相差较大。按建筑设计标准计算的人员密度往往小于实际人员密度，尤其是儿童医院及一些三甲名牌医院。设计中应尽可能调查、预测合理的人员密度，计算新风量。

（2）在系统中设置的静电除尘器、纳米光子空气净化设备等不可替代传统过滤器。

（3）B超室、CT室、MRI等机房附近的水管会对设备产生干扰，设计中应该避免。

（4）空调器或新风机的加湿器宜采用干空气加湿或高压喷雾加湿，而不宜采用湿膜加湿或超声波加湿。

（5）进出直线加速器、回旋加速器等放疗机房的风管不应直管段直接进出，而应迂回弯着进出，风管穿过防护结构时应外包一定长度的不小于防护结构铅当量的铅皮，以防射线穿过风管向外泄漏。

（6）医院新风入口与排风入口不仅要保持水平距离，也应有一定的垂直距离，所以不宜从屋面取新风，宜每层进新风。

（7）负压吸引机房、呼吸道传染病房、隔离门诊、解剖室等污染性房间的排风设备宜设置在屋面，使室内排风管道处于负压段。

（8）病房、门诊、医技等区域的新排风热回收设备不应采用全热回收装置，防止交叉污染的可能。宜采用分体显热回收装置。

下 篇

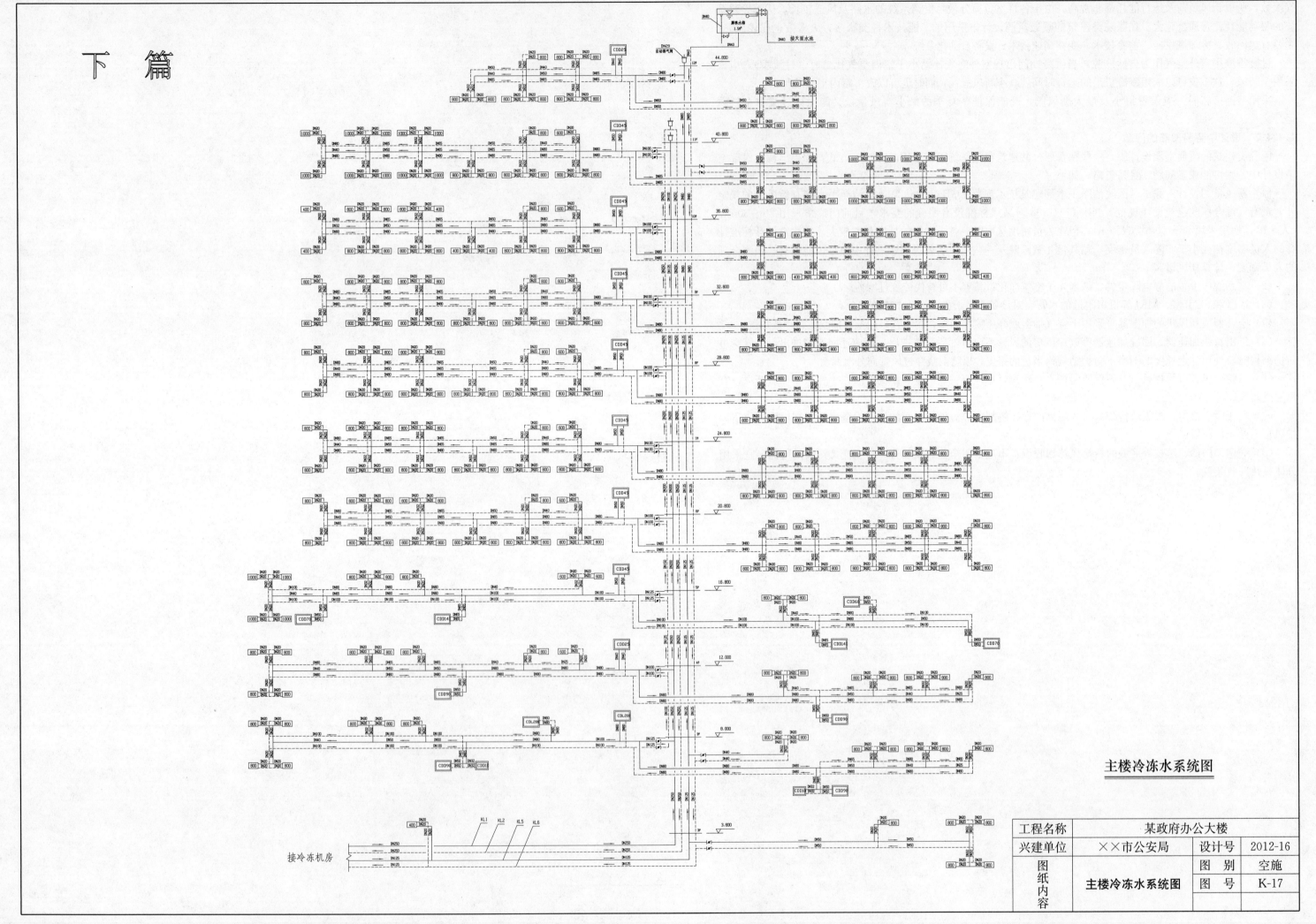

主楼冷冻水系统图

接冷冻机房

工程名称	某政府办公大楼		
兴建单位	××市公安局	设计号	2012-16
图纸内容	主楼冷冻水系统图	图别	空施
		图号	K-17

26

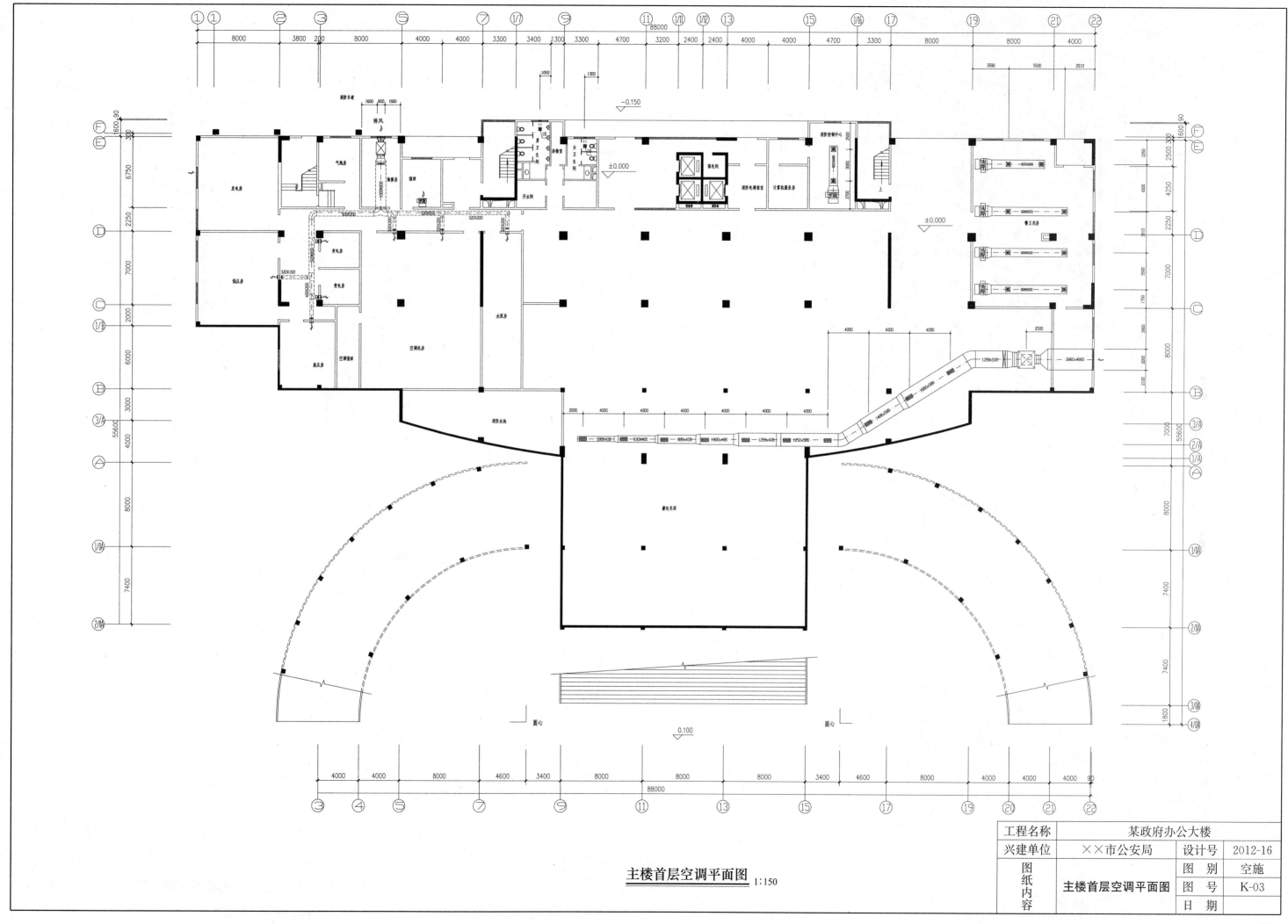

主楼首层空调平面图 1:150

工程名称		某政府办公大楼	
兴建单位	××市公安局	设计号	2012-16
图纸内容	主楼首层空调平面图	图 别	空施
		图 号	K-03
		日 期	

27

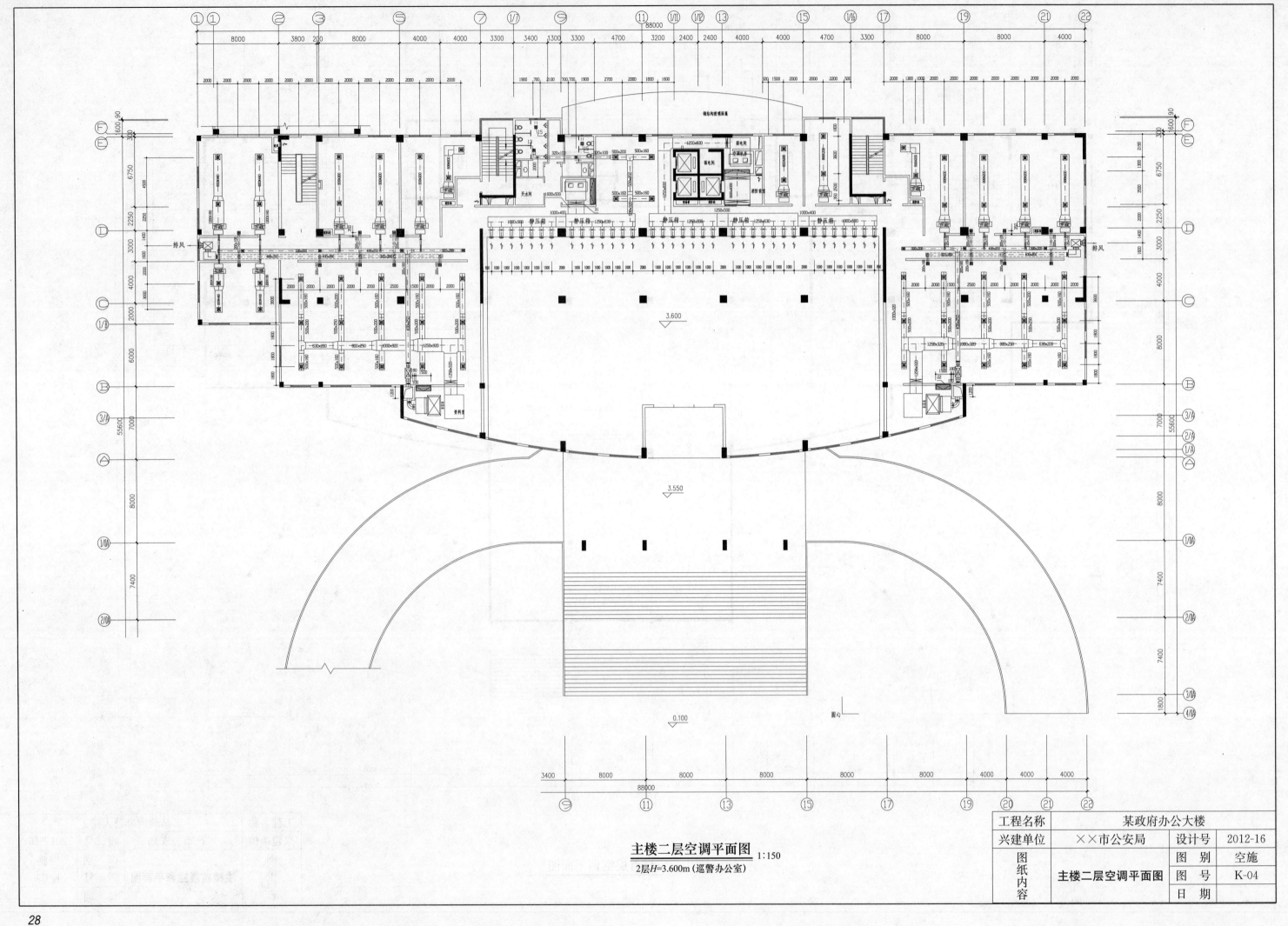

主楼二层空调平面图 1:150
2层*H*=3.600m(巡警办公室)

工程名称	某政府办公大楼		
兴建单位	××市公安局	设计号	2012-16
图纸内容	主楼二层空调平面图	图 别	空施
		图 号	K-04
		日 期	

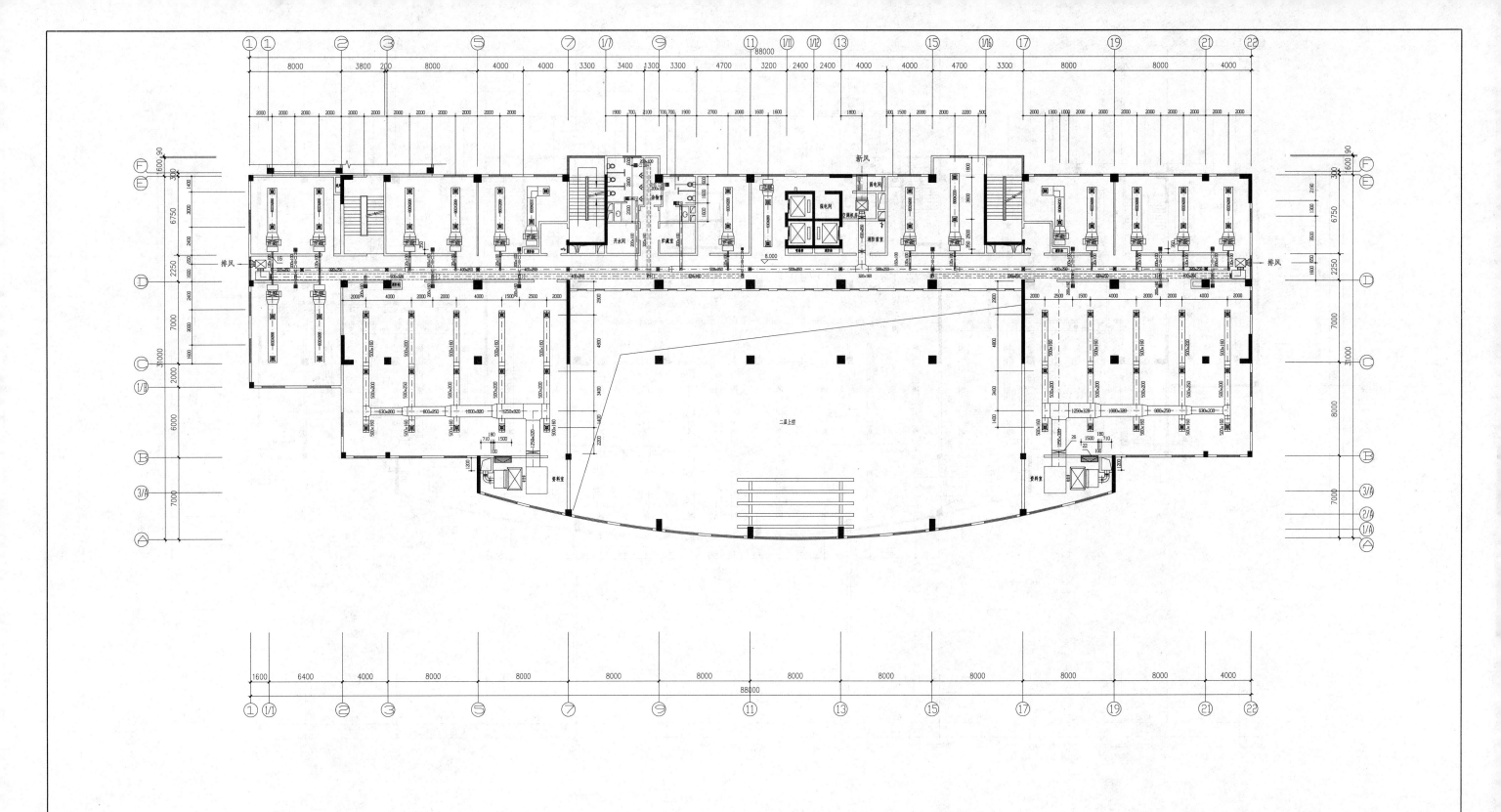

主楼三层空调平面图 1:150
3层H=8.000m(巡警办公室)

工程名称		某政府办公大楼	
兴建单位	××市公安局	设计号	2012-16
图纸内容	主楼三层空调平面图	图 别	空施
		图 号	K-05
		日 期	

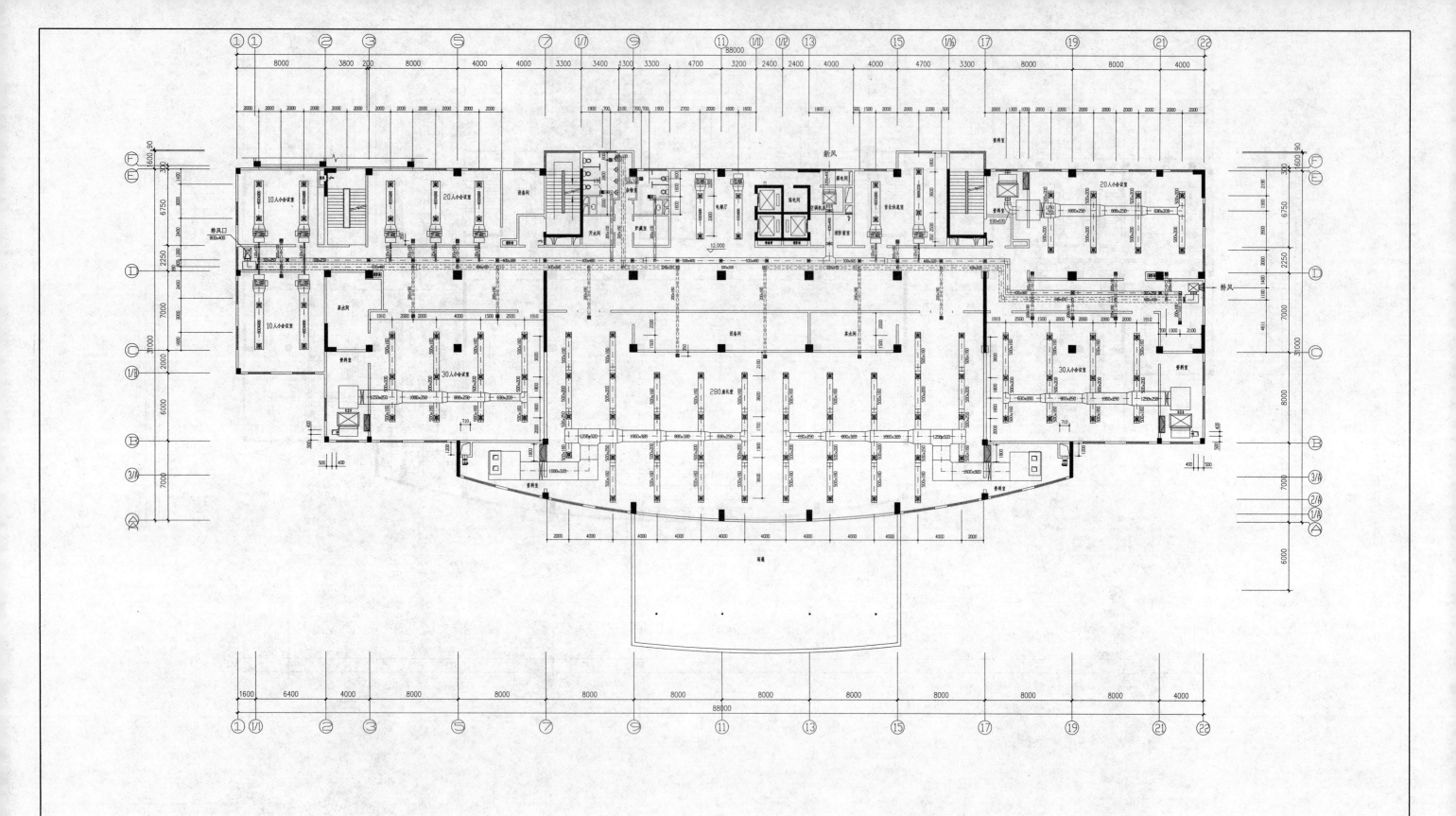

主楼四层空调平面图 1:150
4层H=12.000m(会议中心)

工程名称	某政府办公大楼		
兴建单位	××市公安局	设计号	2012-16
图纸内容	主楼四层空调平面图	图 别	空施
		图 号	K-06
		日 期	

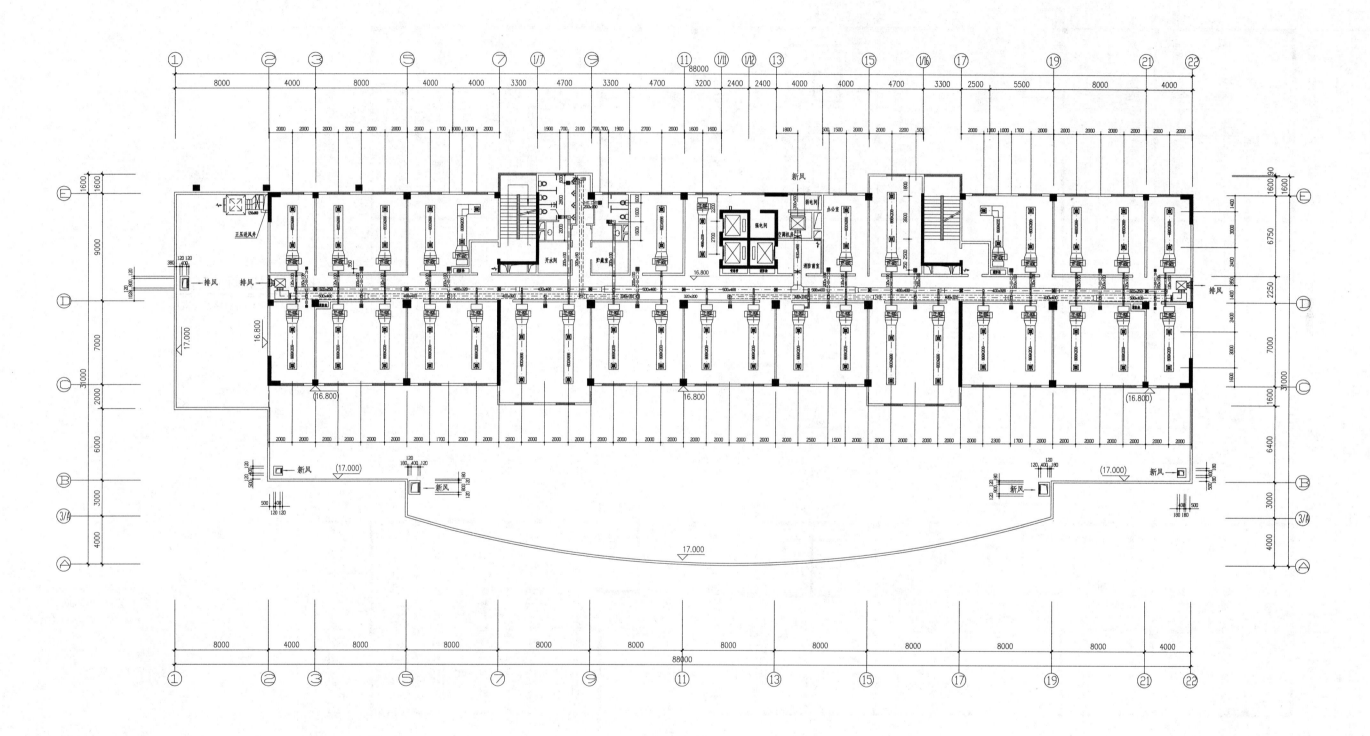

主楼五层空调平面图 1:150
5层H=16.800m (行政科办公室)

工程名称		某政府办公大楼		
兴建单位	××市公安局		设计号	2012-16
图纸内容	主楼五层空调平面图		图别	空施
			图号	K-07
			日期	

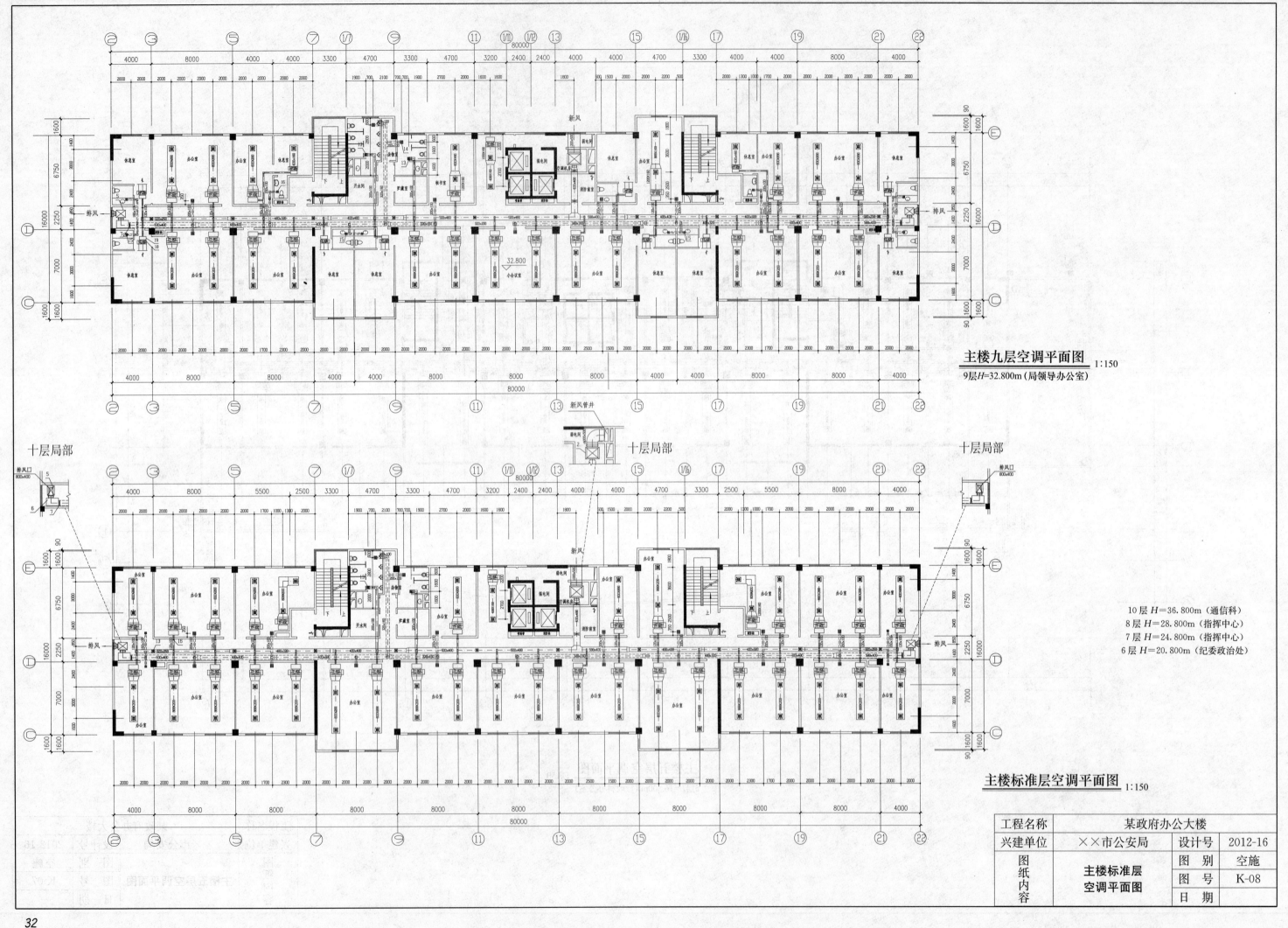

主楼九层空调平面图 1:150
9层 H=32.800m（局领导办公室）

十层局部

新风管井

十层局部

十层局部

主楼标准层空调平面图 1:150

10 层 H=36.800m（通信科）
8 层 H=28.800m（指挥中心）
7 层 H=24.800m（指挥中心）
6 层 H=20.800m（纪委政治处）

工程名称	某政府办公大楼		
兴建单位	××市公安局	设计号	2012-16
图纸内容	主楼标准层空调平面图	图别	空施
		图号	K-08
		日期	

32

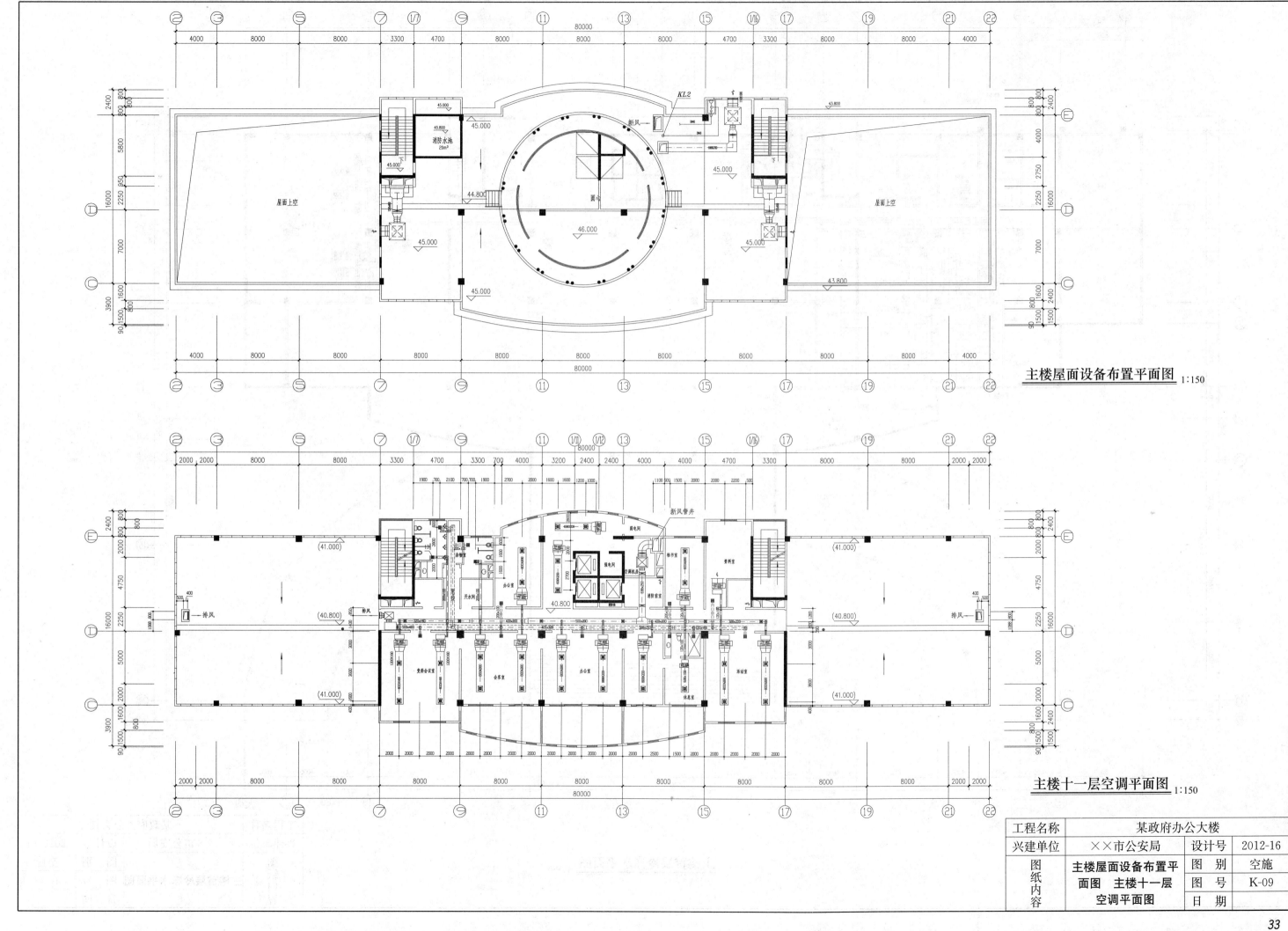

主楼屋面设备布置平面图 1:150

主楼十一层空调平面图 1:150

工程名称	某政府办公大楼		
兴建单位	××市公安局	设计号	2012-16
图纸内容	主楼屋面设备布置平面图 主楼十一层空调平面图	图别	空施
		图号	K-09
		日期	

33

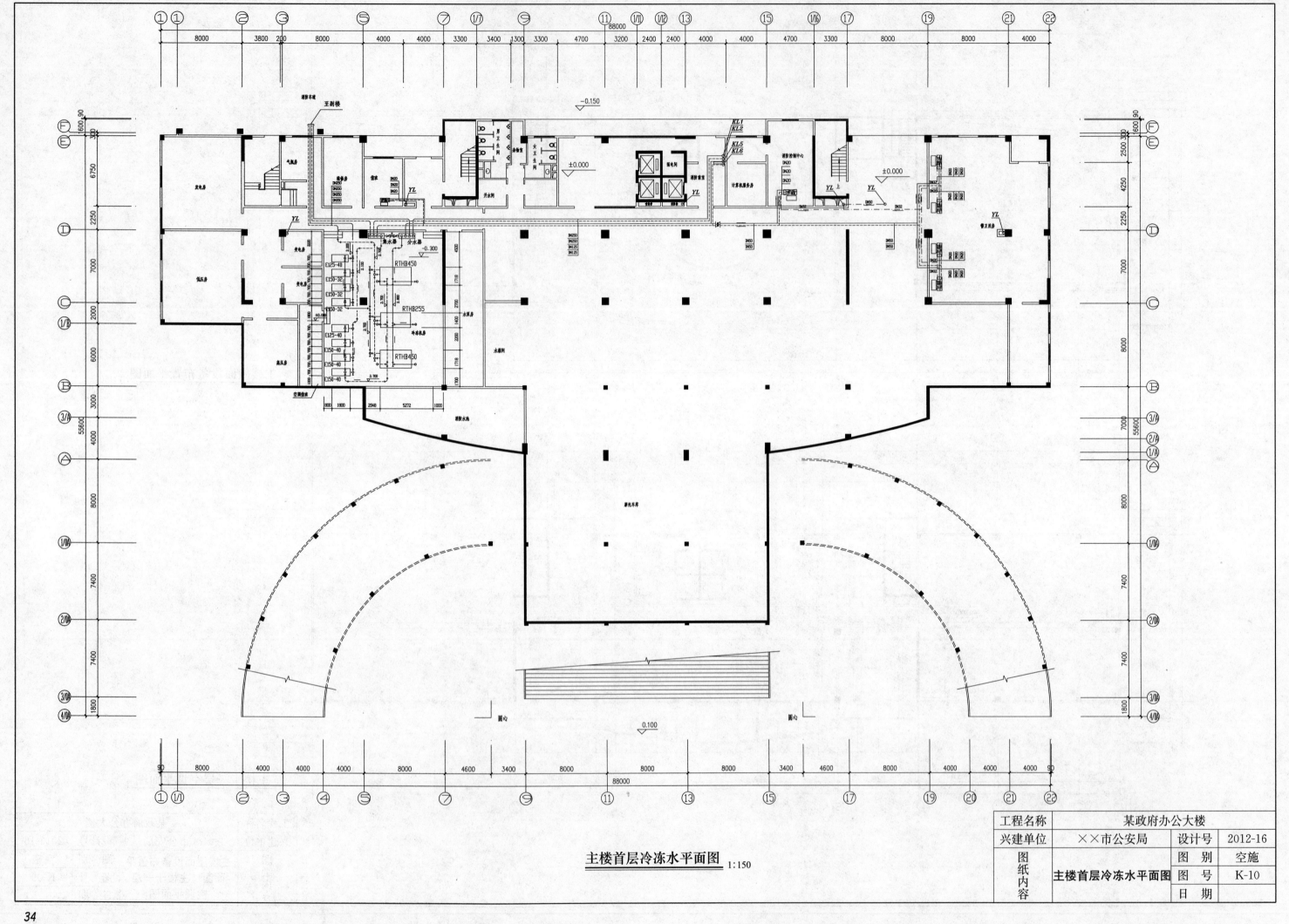

主楼首层冷冻水平面图 1:150

工程名称	某政府办公大楼		
兴建单位	××市公安局	设计号	2012-16
图纸内容	主楼首层冷冻水平面图	图别	空施
		图号	K-10
		日期	

34

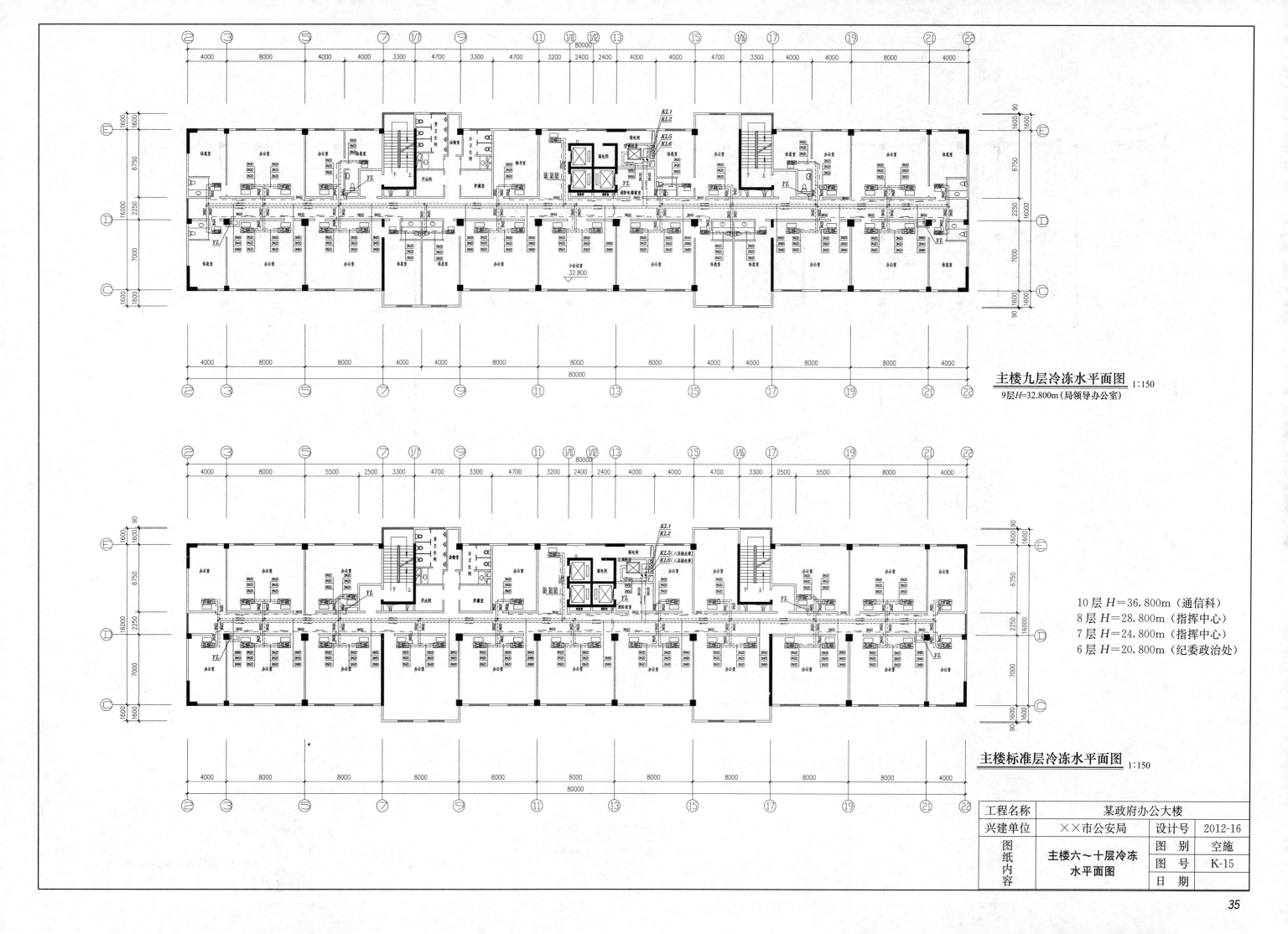

主楼九层冷冻水平面图 1:150
9层 H=32.800m（局领导办公室）

主楼标准层冷冻水平面图 1:150

10 层 H=36.800m（通信科）
8 层 H=28.800m（指挥中心）
7 层 H=24.800m（指挥中心）
6 层 H=20.800m（纪委政治处）

工程名称	某政府办公大楼		
兴建单位	××市公安局	设计号	2012-16
图纸内容	主楼六～十层冷冻水平面图	图别	空施
		图号	K-15
		日期	

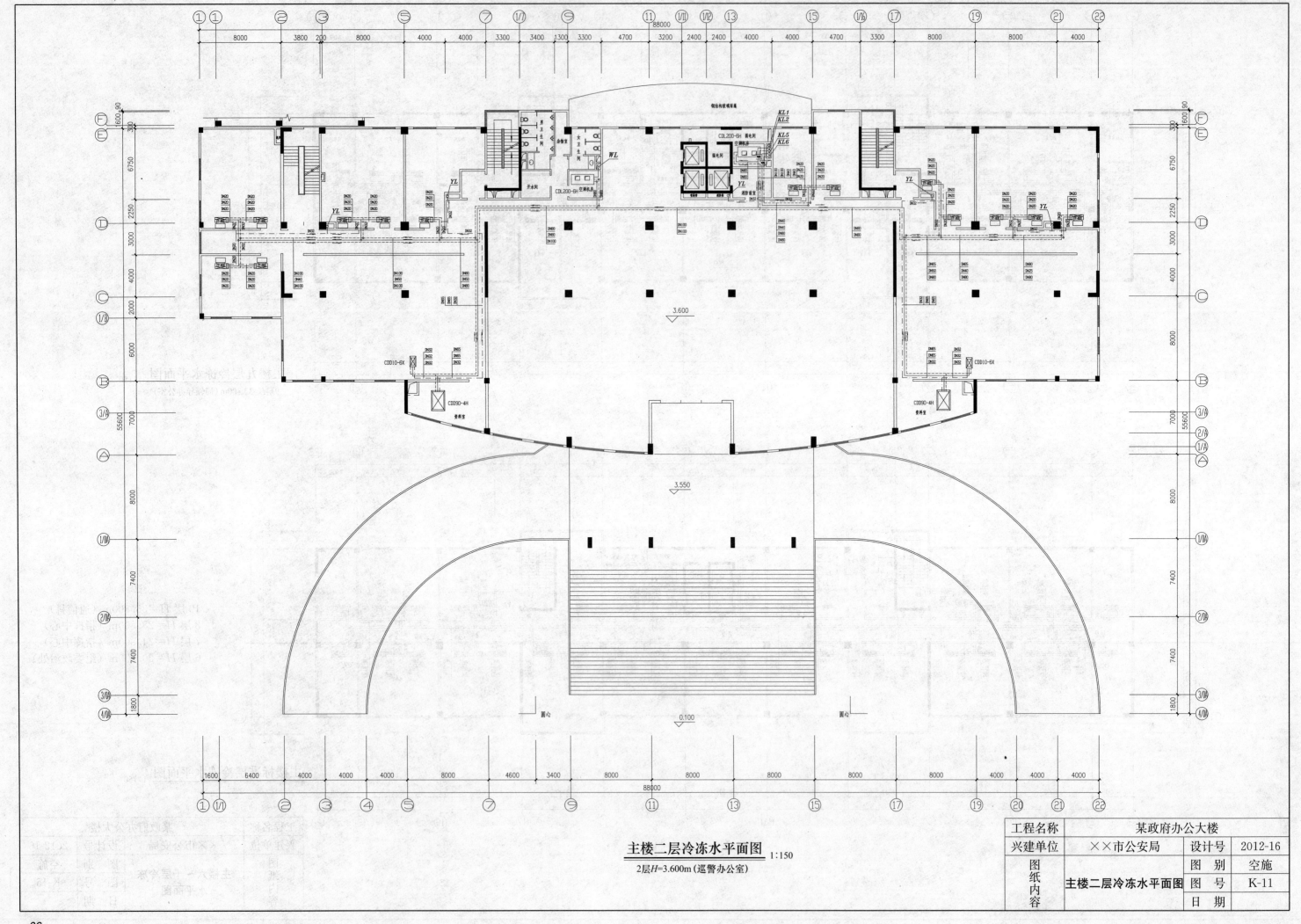

主楼二层冷冻水平面图 1:150

2层H=3.600m(巡警办公室)

工程名称	某政府办公大楼		
兴建单位	××市公安局	设计号	2012-16
图纸内容	主楼二层冷冻水平面图	图别	空施
		图号	K-11
		日期	

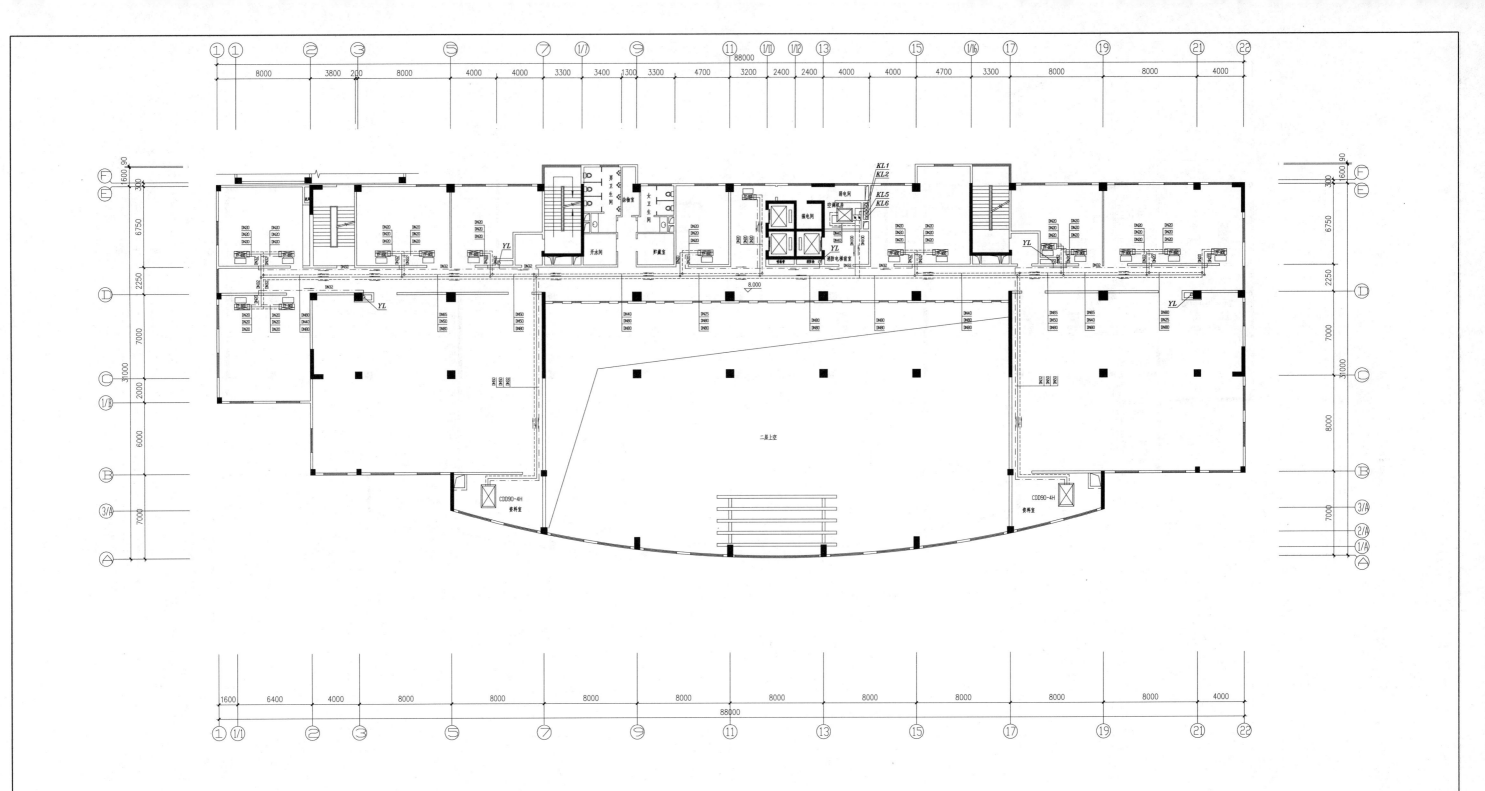

主楼三层冷冻水平面图 1:150

3层H=8.000m(巡警办公室)

工程名称	某政府办公大楼		
兴建单位	××市公安局	设计号	2012-16
图纸内容	主楼三层冷冻水平面图	图别	空施
		图号	K-12
		日期	

37

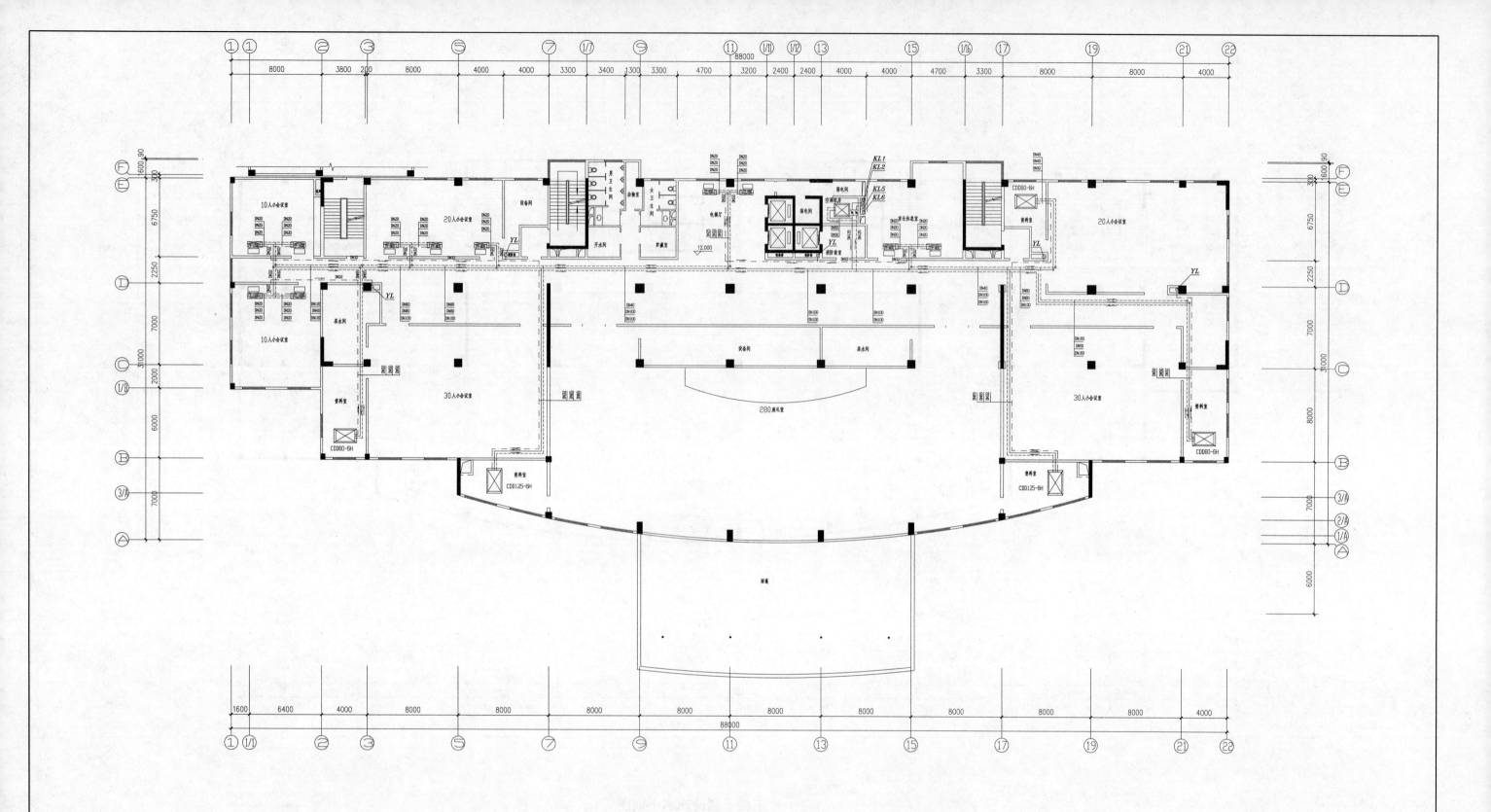

主楼四层冷冻水平面图 1:150
4层H=12.000m（会议中心）

工程名称	某政府办公大楼		
兴建单位	××市公安局	设计号	2012-16
图纸内容	主楼四层冷冻水平面图	图别	空施
		图号	K-13
		日期	

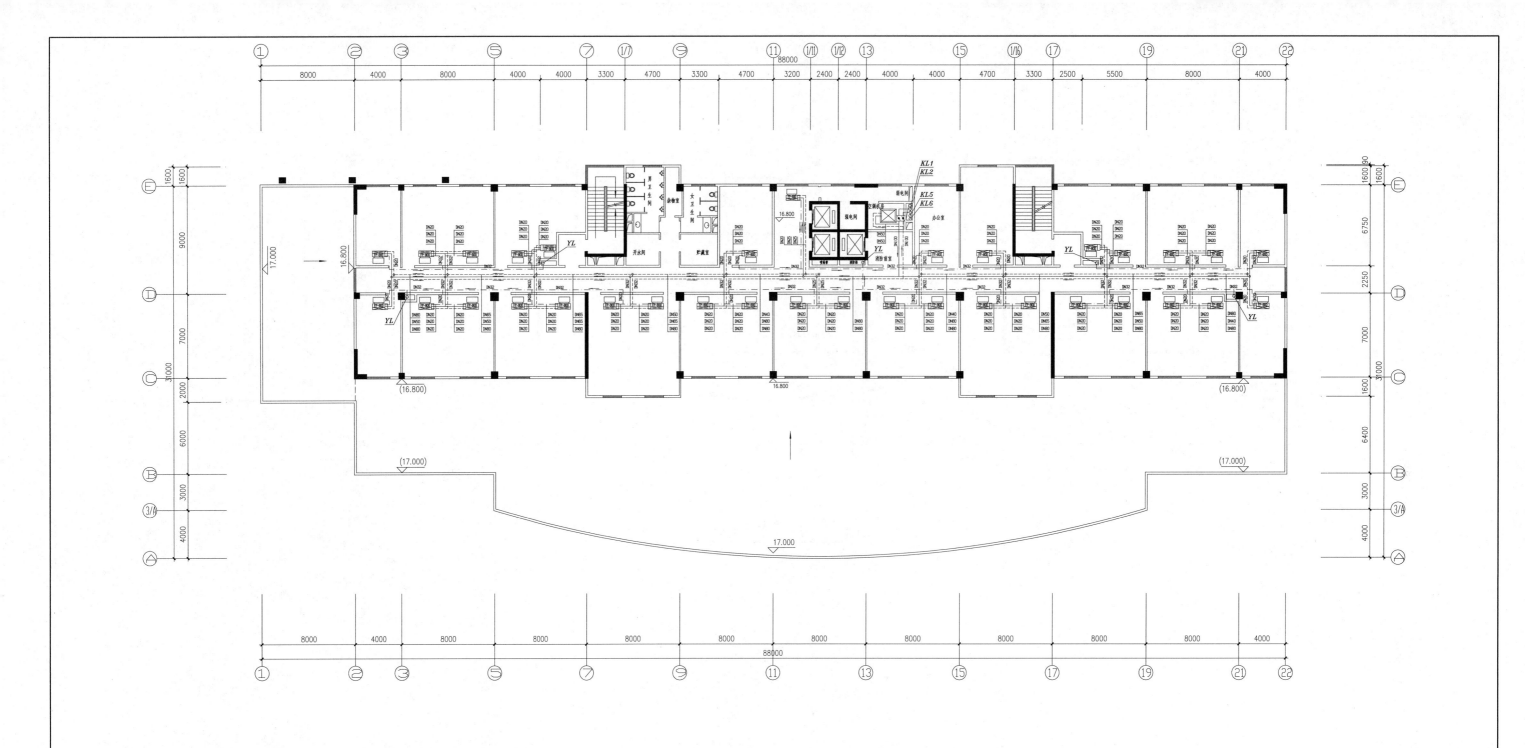

主楼五层冷冻水平面图 1:150

5层*H*=16.800m(行政科办公室)

工程名称	某政府办公大楼		
兴建单位	××市公安局	设计号	2012-16
图纸内容	主楼五层冷冻水平面图	图别	空施
		图号	K-14
		日期	

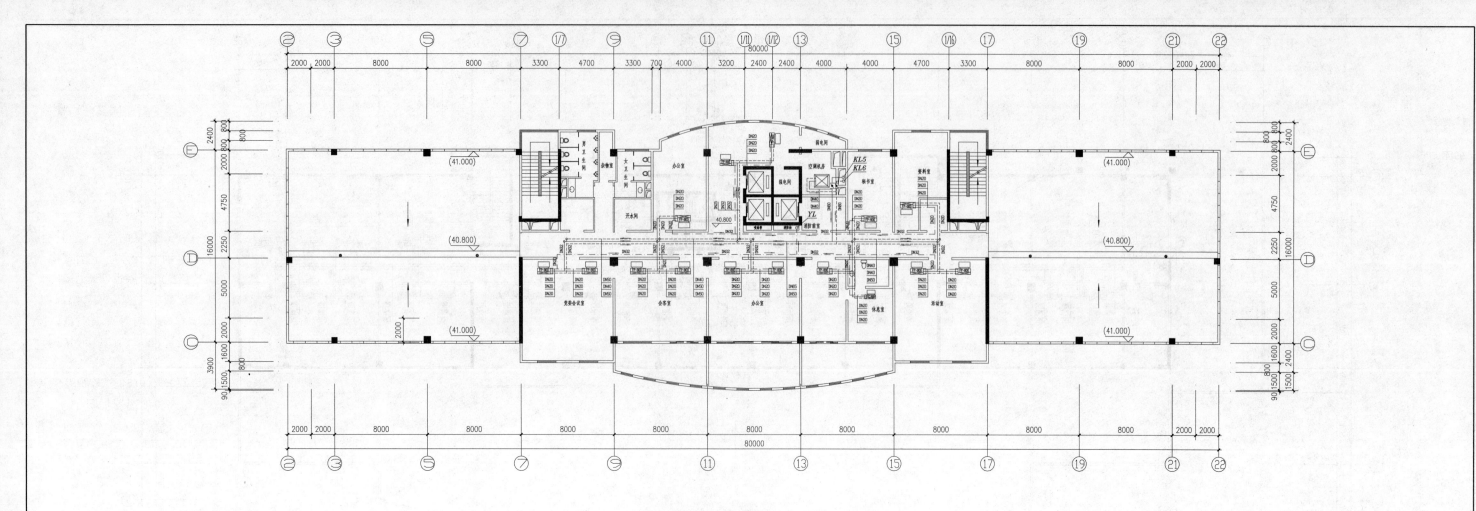

主楼十一层冷冻水平面图 1:150

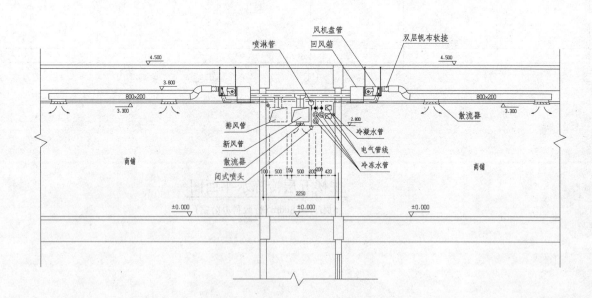

走廊管线综合剖面图 1:150

工程名称	某政府办公大楼		
兴建单位	××市公安局	设计号	2012-16
图纸内容	主楼十一层冷冻水平面图 走廊管线综合剖面图	图别	空施
		图号	K-16
		日期	

通风空调设计说明

一、工程概况：

本工程总建筑面积约为 23600m²，其中空调面积约为 16486m²，空调面积占总建筑面积的 70%。本建筑地下二层，地上十五层。其中地下一、二层为人防层，平时为汽车库与设备房，其中空调主机房也设于地下二层；首层至十五层为各科室的病房等；其中五层为手术室；手术室上层为设备层。

二、设计依据：

1. 《采暖通风与空气调节设计规范》GB 50019—2003；
2. 《严寒和寒冷地区居住建筑节能设计标准》JGJ 26—2010；
3. 《高层民用建筑设计防火规范》GB 50045—1995 (2005 年版)；
4. 《医院洁净手术部建筑技术规范》GB 50333—2013；
5. 《综合医院建筑设计规范》JGJ 49—1988；
6. 《汽车库、修车库、停车场设计防火规范》GB 50067—1997；
7. 《人民防空工程设计防火规范》GB 50098—2009；
8. 《人民防空地下室设计规范》GB 50038—2005；
9. 建设单位提供的设计要求；
10. 各专业图纸及对本专业要求。

三、设计内容

1. 本工程夏季设中央空调系统。手术室设专用空调系统；
2. 地下室、卫生间、车库等平时设通风系统；
3. 消防防排烟系统；
4. 人防地下室通风详人防设计说明；
5. 发电机房、制冷机房设事故排风系统。

四、设计参数：

1. 室外设计参数 (广州)：

夏季空调干球温度：33.5℃　　夏季通风干球温度：31℃
夏季湿球温度：27.7℃　　　　夏季室外风速：1.8m/s
夏季大气压力：100.45kPa
冬季空调干球温度：5℃　　　　冬季通风干球温度：13℃
冬季相对湿度：68%　　　　　　冬季室外风速：2.4m/s
冬季大气压力：101.95kPa

2. 室内设计参数：

房间类别	夏季温度 (℃)	夏季相对湿度(%)	冬季温度 (℃)	冬季相对湿度(%)	新风量 [m³/(h·p)]	风速 (m/s)	噪声 [dB(A)]
病房	25~27	60	18~22	45	50	≤0.2	45
手术室	22~25	60	24~26	55	60	0.25~0.3	45
ICU 特别监护	23~26	60	24~26	50	60	0.3~0.35	45
烧伤重病房	27~28	55	27~28	55	60	≤0.2	45
药房	25~27	60			30	≤0.2	50
会议室	24~26	65			30	≤0.3	50
办公室	24~26	60			30	≤0.3	45

五、空调水系统：

1. 空调主机总冷负荷 2531kW。

2. 根据功能及昼夜运行的特征，本工程拟分两个系统。一为首层至十五层病房区的中央空调系统。三台空调主机房可根据天气的变化、开房率的变化来控制开停及部分负荷运行。另一系统为直冷型手术室洁净空调系统。

3. 根据各层功能与昼夜使用时间的特点，采用大小主机搭配的方案。拟选两台 290USRT 螺杆式冷水机组与一台 140USRT 螺杆式冷水机组。小机组适应病房夜间低峰负荷运行的特性。

本工程冷冻与冷却水系统最大工作压力达 0.9～0.95MPa，因此空调主机设于冷冻与冷却水泵负压端。

4. 冷冻水泵、冷却水泵各选五台，其中各有一台备用。备用泵按小主机流量及大主机流量各备用一台。

5. 冷却塔选用五台 150m³/h 横流组合式玻璃钢冷却塔，设于屋面层。

6. 空调膨胀补给水箱设于塔楼屋面层，冷冻水系统最高处。补给水管从给水排水专业给水管接来。

7. 空调冷冻水采用二管异程闭式系统。系统最高处设自动排气阀，最低处设排水阀。冷冻水系统每层安装电动阀，以便灵活使用及维修。

六、空调风系统：

本建筑的手术室等功能区采用低风速单风道洁净送风口集中送风系统。每一个手术室采用一套独立的，直冷式洁净空调机组，室内机组及排风机设于设备层。室外机也设于设备层外墙百叶窗处。

ICU 重症监护室、重烧伤病房等功能区采用洁净式风机盘管加洁净式新风空气处理机系统。新风机设电加热器、电加湿器与中效及亚高效过滤器，风机采用变频控制。

轻烧伤、外科、妇科、泌尿科、骨科等病房、办公室、会议室等小房间采用风机盘管加洁净式新风空气处理机系统。新风机设电加热器，电加湿器与中效过滤器，风机采用变频控制。

七、平时通风系统：

1. 公共卫生间换气次数约 15 次/h，病房卫生间换气次数 15 次/h，均由每层的总排风机与每一台的天花排气扇接力汇至总管，由侧墙排出。其中大部分天花排气扇直接由侧墙排出。不会受总风机影响。

2. 汽车库排风按 6 次/h 换气设计，进风量为排风量 50% 以上。

3. 其他设机械通风的房间：

房间名称	制冷机房	变压器房	配电房
换气次数 (次/h)	10	30	10

八、消防防排烟通风系统：

1. 当火灾发生时，除消防防排烟系统用排烟风机外，其余通风、空调设备均自动切断电源。

2. 通风、空调设备的送、回风总管及进出管井的风管均按规范要求设置防火阀，动作温度为 70℃。排烟风管动作温度为 280℃。

3. 通风、空调的风管及冷冻水管、空调风管保温材料为非燃烧材料或难燃烧材料。

4. 地下一、二层为车库及设备房，平时需要通风换气，火灾时机械排烟，其中汽车库换气次数按 6 次/h 计算。设备房按 10～20 次/h 计算。

5. 采用气体灭火的设备用房 (发电机房) 的进、出风口设电动防火调节阀。当发生火灾时，关闭风阀，停止通风，灭火完毕，进行通风换气。

6. 所有防排烟设备 (包括风机、电动阀门) 均由消防中心控制，当消防中心接到报警信号后，即开启着火区所有送、排风机及相应的阀门，关闭其余区的设备。如地下车库火灾，即开启送排风机及加压风机，对车库进行排烟。平时排风、火灾时排烟的风机由消防中心负责转换。

7. 所有消防前室及消防楼梯前室均作加压送系统。送风量按《高层民用建筑设计防火规范》(GB 50045—1995) 2005 年版的要求设计。

8. 门诊走廊和住院部走廊在 C-6 轴、G-11 轴处设排烟口，每层设两个。

9. 所有消防前室及消防楼梯间前室的加压送风机、走廊的排烟风机均安装于屋面层。

10. 所有的送排风机及空气处理机的进出口均安装难燃材料软接头，排烟风机的进出口均安装不燃材料软接头。

九、事故排风：

空调主机房的事故排风与平时排风相结合，且平时排风量比事故排风量大一些。

发电机房设有独立的事故排风机。当气体灭火完成后，开排风机。当事故排风系统达 280℃ 时，系统能自动关闭。

十、自控与监测：

1. 空调主机与冷却塔均设电动蝶阀，以便管理与控制。

风柜与新风处理机均设比例电动二通阀，风机盘管设双位电动二通阀。比例电动二通阀通过温控器调节与控制，双位电动二通阀通过三速开关与温控器调节与控制。

2. 空调系统设备启停与控制：先启动各层电动阀与空调末端设备，开启应开设备的电动阀，再启动冷却水泵、冷冻水泵和冷却塔，最后启动冷水机组。系统停止时，上述顺序相反。

3. 水系统为变流量系统，在冷冻水供回水总管间设压差控制器，根据控制供回水压差自动调节旁通比例式电动二通阀，以保持冷水机组水量不变及负荷侧供回水压恒定。

4. 冷却塔的调节可改变运行台数和控制出水水温。

5. 空调风柜、新风柜、风机和冷却塔等大型设备，除设就地开关外，还在空调控制室设遥控开关并显示其运行状态。

6. 空调风柜、新风柜的温度靠比例电动二通阀及温度控制器控制。湿度靠电加湿器或超声波加湿器加湿。

7. 手术室的排风机与手术室的门联动，手术室的门开启时排风机关。

十一、消声及减振措施：

1. 冷却水塔采用低噪声冷却塔。

2. 空气处理机之送风管上设管道式消声器或消声弯头。

3. 屋顶消防排烟风机采用低转数轴流风机，进风口设消声器。

4. 空气处理机、新风机及风机进出风管上设柔性软接头。

5. 箱式离心风机吊装时采用弹簧减振支座，空气处理机、新风机、风机座地安装时采用橡胶减振垫。

6. 空调冷水机组、冷冻、冷却水泵进出水管上设不锈钢或橡胶软接头，基础采用弹簧或橡胶减振垫。

工程名称	某医院	
兴建单位	广××市红十字会医院	
图纸内容	业务号	
	图别	施工图
	通风空调设计说明	日期
	图号	N-01

通风空调施工说明

一、风管的制作，安装：

1. 设计图中所注的风管高度，（以风管所在层地面为准）对于方形或矩形风管，以风管底为准；对于圆形风管，以中线为准。

2. 一般通风与空调风管根据《通风与空调工程施工质量验收规范》GB 50243—2002 的规定制作，地下室排烟排气风管采用无机玻璃钢制作，送风、排风管壁板材厚度根据下表确定：

圆风管直径或矩形风管大边长(mm)	钢板(mm)			无机玻璃钢(mm)		聚氯乙烯(mm)	不锈钢(mm)
	一般风管	消防风管	除尘风管	圆风管	矩形风管		
100~320	0.50	0.80	1.50	3.00	3.00	3.00	0.50
400~450	0.60	0.80	1.50	3.50	3.50	4.00	0.50
480~630	0.80	0.80	2.00	3.50	4.00	5.00	0.75
670~1000	0.80	0.80	2.00	4.00	5.00	6.00	1.00
1120~1250	1.00	1.20	3.00	5.00	6.00	—	1.50
1320~3000	1.20	1.20		6.00	6.50		

无机玻璃钢通风管道的制作及检收，按国标 JCG 646—1996 标准执行。

3. 风管与风管的连接

矩形风管最大边长或圆形风管直径在500mm以下，可采用插条连接；500mm以上采用法兰连接，风管法兰按《通风与空调工程施工质量验收规范》GB 50243—2002 的规定确定，螺栓及铆钉的间距不应大于150mm。

风管上的可拆卸接口，不得设置在墙体或楼板内。

4. 空调及送排风矩形风管边长大于或等于800mm，其管段长度在1.2m以上，均应采取加固措施，采用法兰或中间加固支撑如下图：

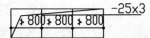

5. 水平或垂直的风管，须设置必要的支、吊或托架，其构造形式由安装单位在保证牢固的前提下，根据现场情况选定，详见国标 T607，一般风管直径或大边小于800mm，支架间距不超过2.5m；风管直径或大边大于或等于800mm，支架间距不超过2.0m，防火阀必须单独配置支吊架。

保温风管的支、吊或托架与风管间应镶以垫木，同时应避免在法兰，测量孔，调节阀等零件处设置支架及吊架。

6. 暗装于天花内的风管调节阀或防火阀、水管阀门，必须注意将操作手柄配置在便于操作的部位，同时在相应位置留500mm×500mm检修洞。

7. 安装防火阀和排烟阀时，应先对其外观质量和动作的灵活性与可靠性进行检验，确认合格后再进行安装，安装位置必须与设计相符，气流方向务必与阀体标志的箭头相一致，严禁反向，安装于壁洞或楼板的防火阀应在墙上或楼板上安装，如无法安装时，穿过墙洞或楼板的风管与防火阀连接段必须用2mm厚的钢板制作，加工后需刷防锈底漆，色漆各两道。

8. 风管与通风机进出口相联应设置长度为100~150mm的软接头；软接管的接口应牢固、严密，严禁在软接外变径。

二、水管的安装：

1. 设计图中所注管道标高，均以管轴线为准。

2. 阀门与风机盘管之间的冷凝水管应采用铜管，冷凝水管采用镀锌钢管，当直径大于DN80时可采用无缝钢管，冷冻、冷却水采用衬塑无缝钢管或焊接钢管，当直径大于DN50时，且压力超过1.6MPa时采用无缝钢管，蒸汽管采用无缝钢管。

3. 保温水管道支吊架的最大跨距，不应超过下表给出的数值。

公称直径(mm)	最大跨距(m)	公称直径(mm)	最大跨距(m)	公称直径(mm)	最大跨距(m)
10~25	2.0	150	8.0	400	8.0
32~50	3.0	200	8.0	450	8.0
65~80	4.5	250	8.0	500	8.0
100	6.0	300	8.0	600	8.0
125	8.0	350	8.0	700	8.0

4. 管道连接：无缝钢管采用焊接；镀锌钢管公称直径小于DN100时采用丝扣连接，凡与冷冻主机、冷却塔、水泵、冷风柜及风机盘管连接的水管，应采用丝扣（加活接头）连接或法兰连接，以便维修拆卸。

5. 水管安装前必须消除管内污垢、杂物以免日后堵塞设备，焊接钢管或无缝钢管安装前，在表面除锈后，刷防锈油漆两道。

6. 所有水平或垂直的水管，必须根据现场情况，设置固定或活动的支、吊或托架，其构造形式和设置位置，由安装单位在保证牢固，可靠的前提下选定，详见国标。88R420水管的支、吊或托架应设置于保温层的外部，并在支、吊、托架与管道间镶以垫木，同时，应避免在法兰、测量孔、调节阀等零件处设置支、吊、托架。

7. 冷凝水管尽可能取较大的坡度，坡向排水口，最小坡度不得小于0.03。

三、主要设备的安装：

1. 空调制冷机：制冷机组的清洗、安装、试漏、加油、抽真空、充加制冷剂、调试等事宜，应严格按照制造厂提供的《使用说明书》进行，同时，还应遵守《制冷设备、空气分离设备安装工程施工及验收规范》GB 50247—1988 及其他有关规范、标准中的各项规定。

2. 冷却塔安装调试等事宜，应严格按照制造厂提供的《安装说明书》进行；拼接处平整、严密、牢固，各支脚须认真找平与校正。

镀锌钢管的具体规格如下：

公称直径		外径×壁厚	公称直径		外径×壁厚
mm	in	(mm)	mm	in	(mm)
DN15	1/2	21.3×2.75	DN65	2½	77.5×3.5
DN20	3/4	26.8×2.75	DN80	3	88.5×4.0
DN25	1	33.5×3.25	DN100	4	111×4.0
DN32	1¼	42.3×3.25	DN125	5	140×4.0
DN40	1½	48×3.5	DN150	6	165×4.5
DN50	2	60×3.5			

无缝钢管的具体规格如下：

公称直径(mm)	外径×壁厚(mm)	公称直径(mm)	外径×壁厚(mm)	公称直径(mm)	外径×壁厚(mm)
DN25	32×3.0	DN125	133×5.0	DN450	480×9.0
DN32	38×3.0	DN150	159×6.0	DN500	530×10.0
DN40	48×3.5	DN200	219×7.0	DN550	560×10.0
DN50	57×3.5	DN250	273×8.0	DN600	630×10.0
DN65	73×3.5	DN300	325×9.0	DN700	720×10.0
DN80	89×4.5	DN350	377×9.0		
DN100	108×4.5	DN400	426×9.0		

四、管道和设备的冲洗排污以及系统的试压：

1. 整个系统安装完毕，在加水之前，将所有设备的进出水阀门关闭，打开所有旁通阀门，系统加满水后开动冷冻、冷却水泵进行管道清洗。运行一段时间后，清除滤污器内的杂物。反复进行数次，直至滤污器内无杂物干净为合格，然后打开系统最低点排污阀，排清管网内存水，管网反复排污数次，关闭管网的旁通阀，打开所有设备的进出阀门进行系统充水。

2. 管道系统的试压：

本系统冷热水管工作压力为1.0MPa，试验压力为1.5MPa。

本系统冷却水管工作压力为0.95MPa，试验压力为1.43MPa。

水压试验的要求：先加压至试验压力，稳测10min，管道压力降不大于0.02MPa，管道附件和接口等未出现渗漏，然后将压力降至工作压力，进行外观检查，24h不漏，压力不降为合格。

五、风管，水管的保温：

1. 风管的保温：风管必须在查漏后方可保温。风管保温的做法及材料：

风管及阀门均采用橡塑发泡保温；保温厚度19mm（容重不大于60kN/m³）。

室外空调风管采用厚度40mm的发泡聚氨酯保温，再包玻璃布，外涂乳化沥青，最外层包0.7mm锌铁板或铝合金板。

2. 水管的保温：水管必须在水压试验后方可保温，水管保温的做法及材料：

冷热水供回水管，冷凝水管，泵及阀门均采用橡塑发泡保温，容重不大于60kN/m³：
（1）冷凝水管道采用厚度19mm。（2）其余按下列要求：≤DN80采用厚度32mm保温。DN100及以上采用厚度44mm保温。

室外冷热水管采用厚度100mm的发泡聚氨酯保温，再包玻璃布，外涂乳化沥青，最外层包0.7mm锌铁板或铝合金板。

六、系统的调试和试运行：

空调系统的冷却水、冷冻水系统安装竣工并试压，冲洗合格及风系统试漏，保温后，应进行必要的清扫。

1. 单机试运转：通风机、风机盘管、冷风柜、冷却塔、水泵、空调制冷机等设备，应逐台启动运转，考核其基础转向、传动、润滑、平衡、温升等的牢固性、正确性、灵活性、可靠性、合理性。

2. 水系统的调试：

（1）水系统投入运行前，请有关部门对循环水进行水质处理，使管道内表面钝化，以达到缓蚀阻垢之目的。

（2）冷热水系统试运行，应尽量使通过各台空调主机，冷热泵的水量接近相同，注意观察压力表，温度计，调节阀门使通过各台制冷机、冷冻泵的水量、温差保持在合理范围，冷冻水进出水设计温差为5℃（120℃/7℃）。

（3）冷风柜，风机盘管的水系统试运行，按不同的设计工况进行试运行，测定与调整室内的温度和湿度，使之符合设计规定参数，注意观察压力表，温度计，调节阀门使通过冷风柜，风机盘管的水量，温差保持在合理范围，冷冻水进出水设计温差为5℃。

3. 风系统的调试：

风系统安装完毕后试运行冷风柜风机时，应对风口逐个进行调整，使送风均匀，并在调节手柄上以油漆刷上标记。

4. 以上调试过程，应做好记录，使空调区内温度均匀，风量调整好以后，应将所有风阀固定。

七、其他：

1. 有关空调通风工程的风管，水管，其制作、安装、调试、验收均参照国标验收规范 GB 50243—2002 执行。

建筑给水排水及采暖工程施工质量验收规范 GB 50242—2002 执行。工业金属管道工程施工质量验收规范 GB 50235—2010 执行。

2. 凡穿墙，穿楼板安装的风管、水管、防火阀的缝隙，安装完毕后用混凝土或水泥砂浆堵塞严密。

3. 风管、水管、设备的支架、吊架、法兰、加固条等铁件加工后，非镀锌件的需在除锈后刷防锈底漆，色漆各两道，非保温管道在表面除锈后，刷底漆两遍，干燥后再刷色漆两遍。

4. 通风空调送排风系统及水系统的设备安装，附件制作、安装，风管、水管穿越面防水、防雨、防漏处理，依国标图集为依据。

5. 以上说明如与国标规范不同之外以国标为准。

工程名称	某医院		
兴建单位	广××市红十字会医院		
图纸内容	通风空调施工说明	业务号	
		图别	施工图
		日期	
		图号	N-02

主要设备表

序号	名称 规格 型号	单位	数量	备 注
1	螺杆式冷水机组,制冷量:1021kW,(290USRT);0.63kW/RT;承压1.0MPa	台	2	
	冷冻进出水温度7℃/12℃;冷却水进出水温度:30℃/35℃; 电动机率:182kW			
2	螺杆式冷水机组,制冷量:511kW,(145USRT);0.62kW/RT;承压1.0MPa	台	1	
	冷冻进出水温度7℃/12℃;冷却水进出水温度:30℃/35℃; 电动功率:88.5kW			
3	端吸式冷冻水泵 200CMH,300kPa,30kW,1450r/min,承压1.0MPa	台	3	
4	端吸式冷冻水泵 100CMH,300kPa,18.5kW,1450r/min,承压1.0MPa	台	2	
5	端吸式冷却水泵 260CMH,250kPa,30kW,1450r/min,承压1.0MPa	台	3	
6	端吸式冷却水泵 130CMH,250kPa,18.5kW,1450r/min,承压1.0MPa	台	2	
7	压差控制器 配比例式电动二通阀 DN65 承压1.0MPa	套	1	
8	低噪声横流式玻璃钢冷却塔 150CMH,5.5kW 承压1.0MPa	台	5	
	H级绝缘;IP65防护等级;HT三防;环境湿球温度:28℃;补水量≤15%			
9	电动蝶阀 DN200 H级绝缘;IP65防护等级;HT三级, 承压1.0MPa	只	4	冷却水阀为防结露型
10	电动蝶阀 DN150 H级绝缘;IP65防护等级;HT三防, 承压1.0MPa	只	7	冷冻水阀为防结露型
11	电动蝶阀 DN100 H级绝缘;IP65防护等级;HT三防, 承压1.0MPa	只	10	冷冻水阀为防结露型
12	动态平衡阀 DN200 承压1.0MPa	只	4	
13	动态平衡阀 DN150 承压1.0MPa	只	2	
14	消声止回阀 DN150 承压1.0MPa	只	4	
15	消声止回阀 DN200 承压1.0MPa	只	6	
16	电动式自动冲洗排污过滤器 DN200 承压1.0MPa	只	4	
17	电动式自动冲洗排污过滤器 DN150 承压1.0MPa	只	2	
18	活塞式水锤吸纳器 DN200 承压1.0MPa	只	6	
19	活塞式水锤吸纳器 DN150 承压1.0MPa	只	4	
20	蝶阀 DN200 承压1.0MPa	只	20	冷冻水阀为防结露型
21	蝶阀 DN150 承压1.0MPa	只	13	冷冻水阀为防结露型
22	蝶阀 DN100 承压1.0MPa	只	10	冷冻水阀为防结露型
23	橡胶软接头 DN200 承压1.6MPa	只	20	
24	橡胶软接头 DN150 承压1.6MPa	只	12	
25	膨胀补给水箱 1200×1200×1200	只	1	
26	压力表 0~1MPa 承压1.0MPa	只	62	
27	温度计 0~100℃ 承压1.0MPa	只	42	
28	水流开关 与DN200管配 承压1.0MPa	只	4	
29	水流开关 与DN150管配 承压1.0MPa	只	2	
30	风机盘管 1200型 Q=11kW,L=2,000m³/h,P=30Pa,N=220W	台	23	
31	风机盘管 800型 Q=7.8kW,L=1,420m³/h,P=30Pa,N=160W	台	121	妇产科 7台配3kW电加热器
32	风机盘管 600型 Q=6kW,L=1,000m³/h,P=30Pa,N=110W	台	78	妇产科 7台配3kW电加热器
33	风机盘管 400型 Q=4.4kW,L=760m³/h,P=30Pa,N=70W	台	85	妇产科 4台配2kW电加热器
34	风机盘管 300型 Q=3.2kW,L=530m³/h,P=30Pa,N=60W	台	18	
35	新风空气处理机 Q=128kW,L=7800CMH,P=300Pa,风机 N=2.2kW,380V/50Hz/3φ	台	2	配24kW电加热器
	夏季进风温度:33.5℃/27.7℃;冷冻水进出水温度:7℃/12℃;承压1.0MPa,总 N=35.5kW			配电加湿器 G=15kg/h
36	新风空气处理机 Q=105kW,L=6500CMH,P=300Pa,N=1.1kW,380V/50Hz/3φ	台	1	配24kW电加热器
	夏季进风温度:33.5℃/27.7℃;冷冻水进出水温度:7℃/12℃;承压1.0MPa,总 N=33.7kW			配电加湿器 G=9kg/h
37	新风空气处理机 Q=105kW,L=6500CMH,P=300Pa,N=1.1kW,380V/50Hz/3φ	台	10	
	夏季进风温度:33.5℃/27.7℃;冷冻水进出水温度7℃/12℃;承压1.0MPa			
38	新风空气处理机 Q=36kW,L=2000m³/h,P=220Pa,N=0.55kW,380V/50Hz/3φ	台	1	
	夏季进风温度:33.5℃/27.7℃;冷冻水进出水温度:7℃/12℃;承压1.0MPa			
39	新风空气处理机 Q=36kW,L=2000CMH,P=220Pa,N=0.55kW,380V/50Hz/3φ	台	1	
	夏季进风温度:33.5℃/27.7℃;冷冻水进出水温度:7℃/12℃;承压1.0MPa			
40	分体式洁净新风空气处理机组 Q=115kW,L=8,400m³/h,P=700Pa,N=80kW	台	1	手术室用
	夏季进风温度:33.5℃/27.7℃;冷冻水进出水温度:7℃/12℃;承压1.0MPa,380V/50Hz/3φ			配36kW电加热器
41	分体式洁净空气处理机组 Q=40kW,L=8,400m³/h,P=700Pa,N=64.3kW	台	1	手术室用
	夏季进风温度:24℃/17℃;冷冻水进出水温度:7℃/12℃;承压1.0MPa,380V/50Hz/3φ			配24kW电加热器

序号	名称规格型号	单位	数量	备 注
42	分体式洁净空气处理机组 Q=30kW,L=5,200m³/h,P=700Pa,N=40kW	台	1	手术室用
	夏季进风温度:24℃/17℃;冷冻水进出水温度:7℃/12℃;承压:1.0MPa,380V/50Hz/3φ			配18kW电加热器
43	分体式洁净空气处理机组 Q=22kW,L=2,800m³/h,P=700Pa,N=26kW	台	3	手术室用
	夏季进风温度:24℃/17℃;冷冻水进出水温度:7℃/12℃;承压:1.0MPa,380V/50Hz/3φ			配9kW电加热器
44	分体式洁净空气处理机组 Q=13.5kW,L=2,000m³/h,P=700Pa,N=13.5kW	台	6	手术室用
	夏季进风温度:24℃/17℃;冷冻水进出水温度:7℃/12℃;承压:1.0MPa,380V/50Hz/3φ			配6kW电加热器
45	分体式洁净空气处理机组 Q=8.1kW,L=1,500m³/h,P=700Pa,N=16.8kW	台	3	ICU病房用
	夏季进风温度:24℃/17℃;冷冻水进出水温度:7℃/12℃;承压:1.0MPa,380V/50Hz/3φ			配6kW电加热器
46	箱式排烟排气风机 L=18,000m³/h,P=400Pa,N=5.5kW	台	4	地下室用
47	箱式排烟排气风机 L=16,000m³/h,P=400Pa,N=5.5kW	台	2	地下室用
48	箱式排风机 L=700m³/h,P=300Pa,N=400W	台	1	手术室用
49	箱式排风机 L=500m³/h,P=300Pa,N=300W	台	1	手术室用
50	箱式排风机 L=400m³/h,P=300Pa,N=250W	台	3	手术室用
51	箱式排风机 L=300m³/h,P=300Pa,N=200W	台	9	手术室用
52	天花型排气扇 L=200m³/h,N=38W	台	4	
53	天花型排气扇 L=150m³/h,N=28W	台	342	
54	走廊排烟风机 L=18,000m³/h,P=550Pa,N=7.5kW	台	2	
55	箱式送风机 L=16,000m³/h,P=400Pa,N=5.5kW	台	2	地下室用
56	箱式送风机 L=10,000m³/h,P=400Pa,N=3kW	台	1	地下室用
57	楼梯加压送风机 L=25,000m³/h,P=600Pa,N=11kW	台	1	
58	前室加压送风机 L=25,000m³/h,P=550Pa,N=11kW	台	3	
59	电控常闭排烟阀 950×650 280℃关闭	只	13	
60	电控常闭排烟口 450×1250 280℃关闭	只	13	
61	电控常闭加压送风口 600×1250 70℃关闭	只	42	
62	比例式电动二通阀(配温控器) DN50 承压:1.0MPa	套	13	
63	比例式电动二通阀(配温控器) DN40 承压:1.0MPa	套	1	
64	电动二通阀(配温控器) DN25 承压:1.0MPa	套	144	1200,800型
65	电动二通阀(配温控器) DN20 承压:1.0MPa	套	207	600,400,300型
66	吊装式洁净空气处理机 Q=6kW,L=1,000m³/h,P=500Pa,N=0.75kW,300V/50Hz/3φ	台	20	D1 配3kW电加热器
67	夏季进风温度:27℃/19.5℃;冷冻水进出水温度:7℃/12℃;承压:1.0MPa,总 N=5.75kW			配电加湿器 G=2kg/h
68	吊装式洁净空气处理机 Q=11kW,L=2,000m³/h,P=600Pa,N=1.5kW,380V/50Hz/3φ	台	3	D2 配9kW电加热器
69	夏季进风温度:27℃/19.5℃;冷冻水进出水温度:7℃/12℃;承压:1.0MPa,总 N=13.2kW			手术室用 配电加湿器 G=3kg/h
70				
71				
72				
73				
74				
75				
76				
77				
78				
79				
80				
81				
82				

工程名称	某医院		
兴建单位	广××市红十字会医院		
图纸内容	主要设备表	业务号	
		图 别	施工图
		日 期	
		图 号	N-04

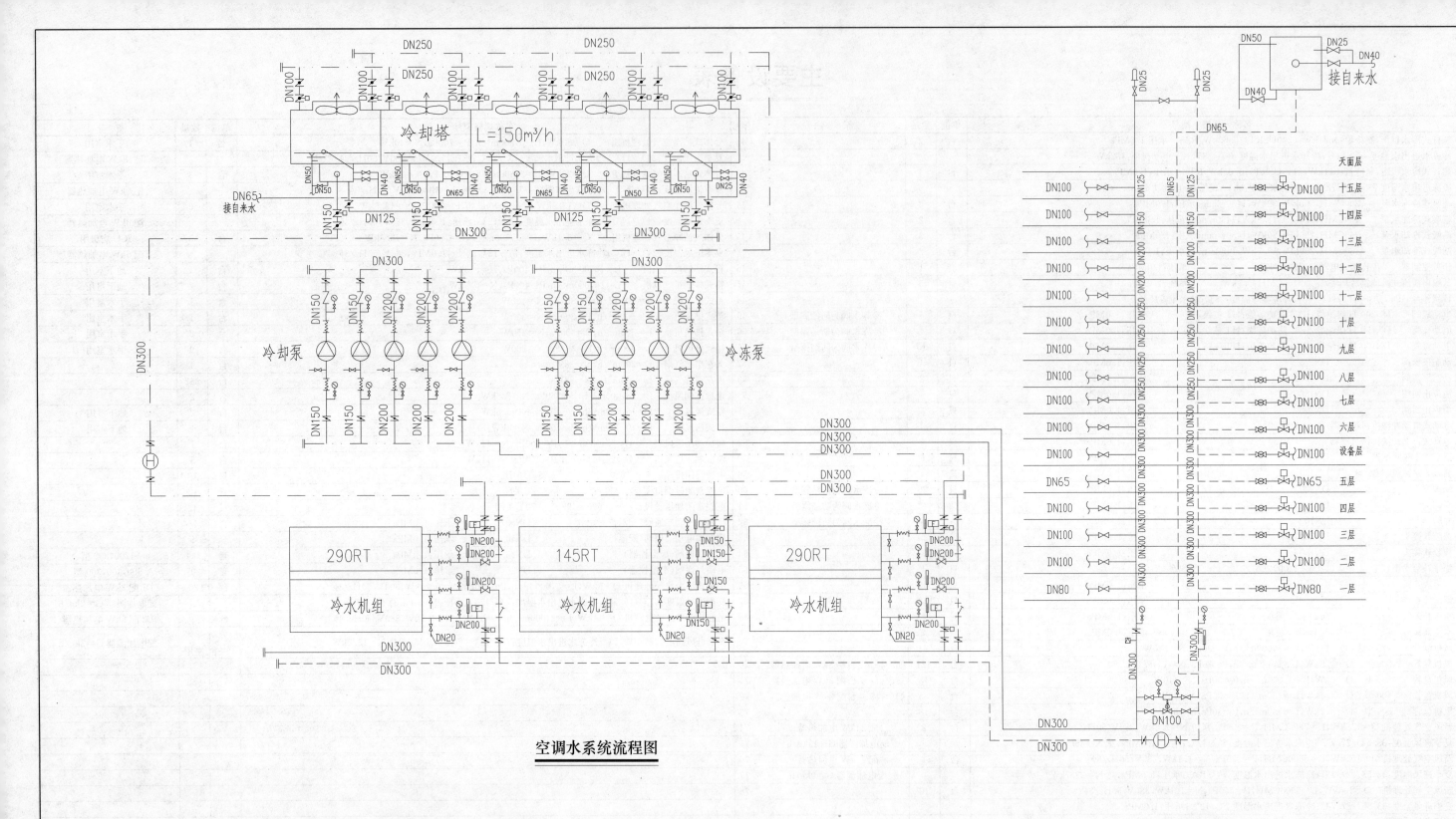

空调水系统流程图

图例	名　称	图例	名　称
	水流开关		温度计
	自动排气阀		压力表
	电动二通阀		软接头
	蝶阀		流量计
	截止阀		电动蝶阀
	闸阀		电动阀
	消声止回阀		电子水处理器
	Y型过滤器		动态平衡阀

工程名称		某医院		
兴建单位		广××市红十字会医院		
图纸内容	空调水系统流程图		业务号	
			图　别	施工图
			日　期	
			图　号	N-05

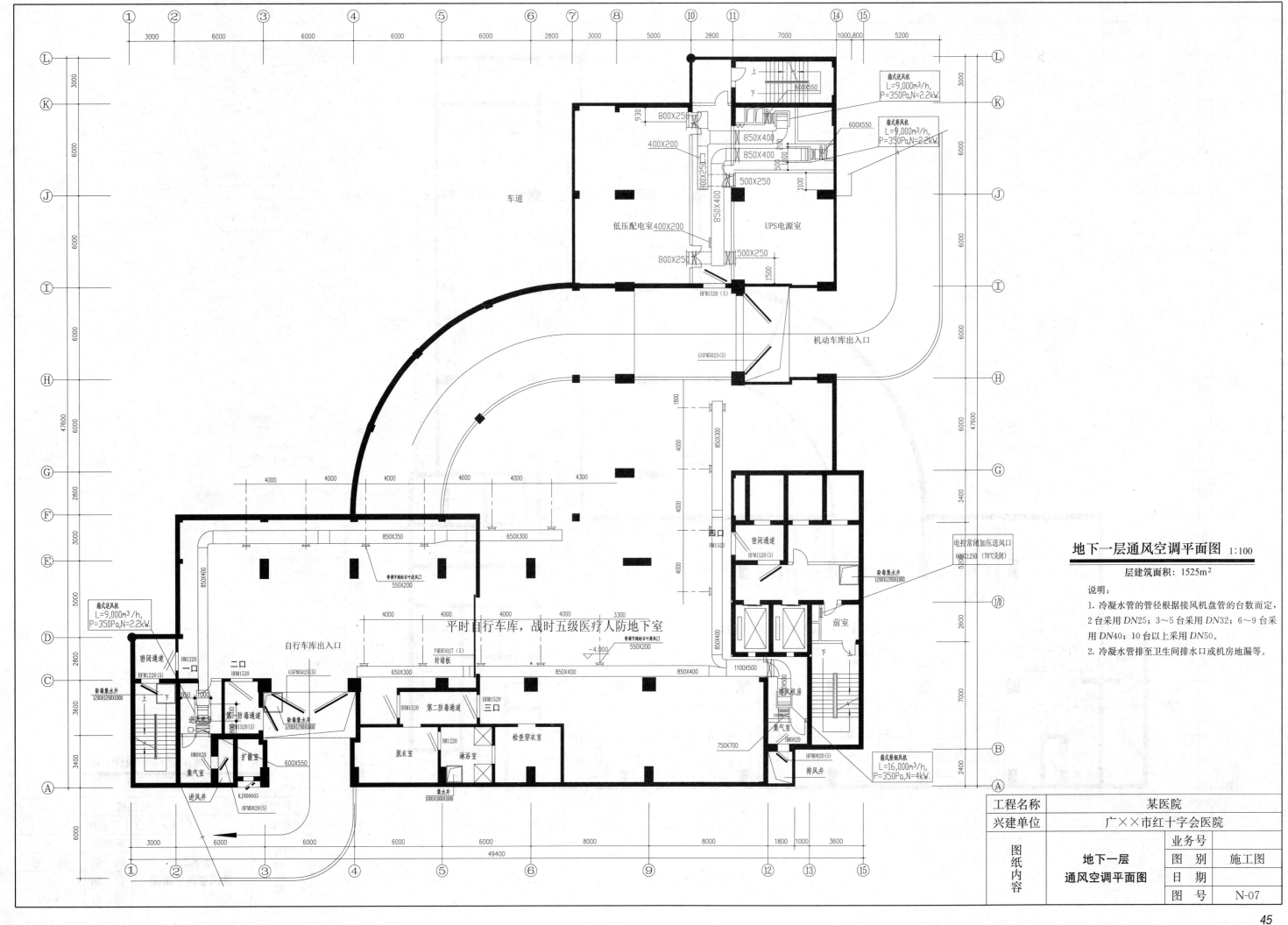

地下一层通风空调平面图 1:100

层建筑面积: 1525m²

说明:
1. 冷凝水管的管径根据接风机盘管的台数而定, 2台采用 DN25; 3～5台采用 DN32; 6～9台采用 DN40; 10台以上采用 DN50。
2. 冷凝水管排至卫生间排水口或机房地漏等。

工程名称	某医院		
兴建单位	广××市红十字会医院		
图纸内容	地下一层通风空调平面图	业务号	
		图别	施工图
		日期	
		图号	N-07

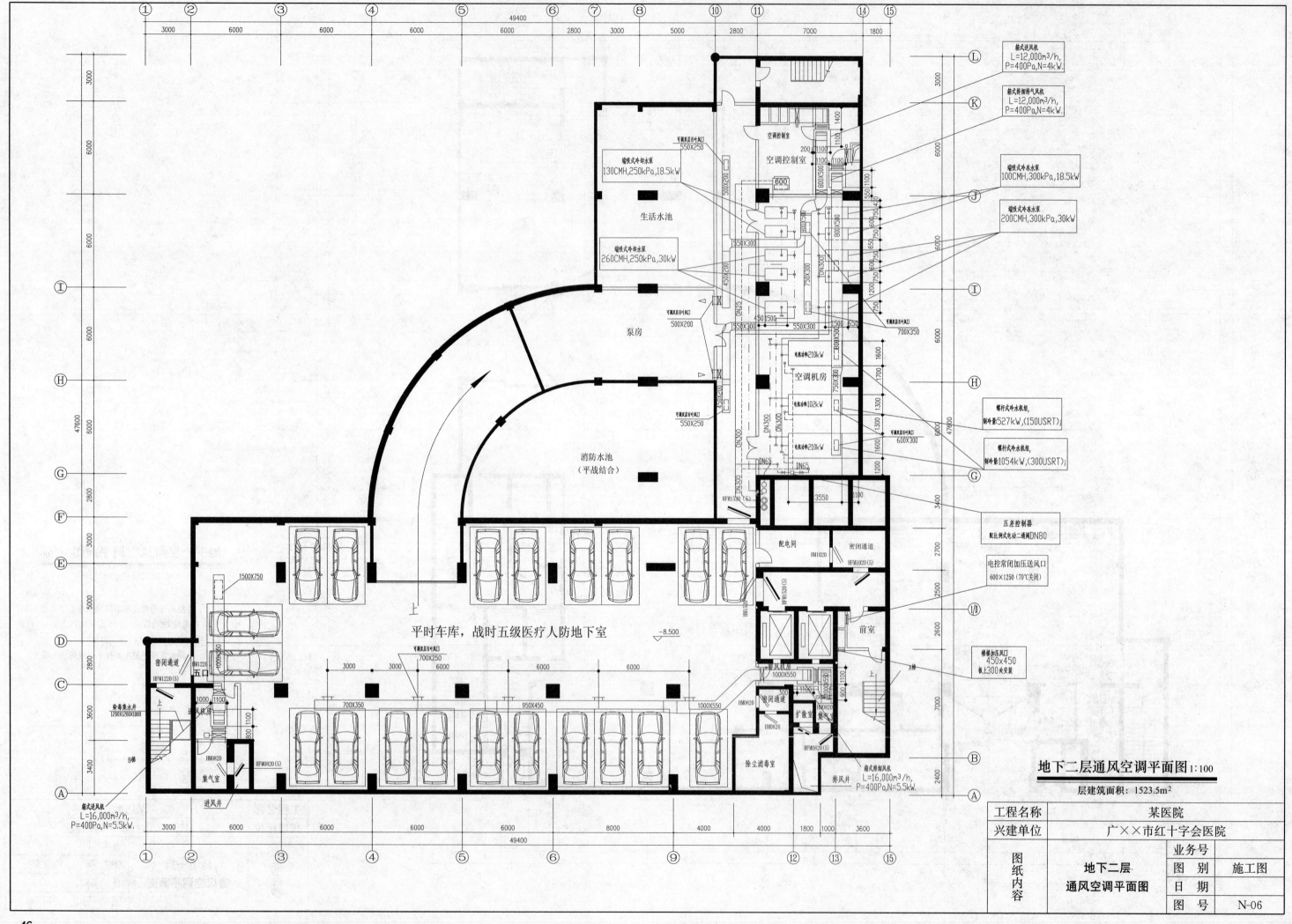

地下二层通风空调平面图 1:100

层建筑面积：1523.5m²

工程名称		某医院	
兴建单位		广××市红十字会医院	
图纸内容	地下二层通风空调平面图	业务号	
		图 别	施工图
		日 期	
		图 号	N-06

46

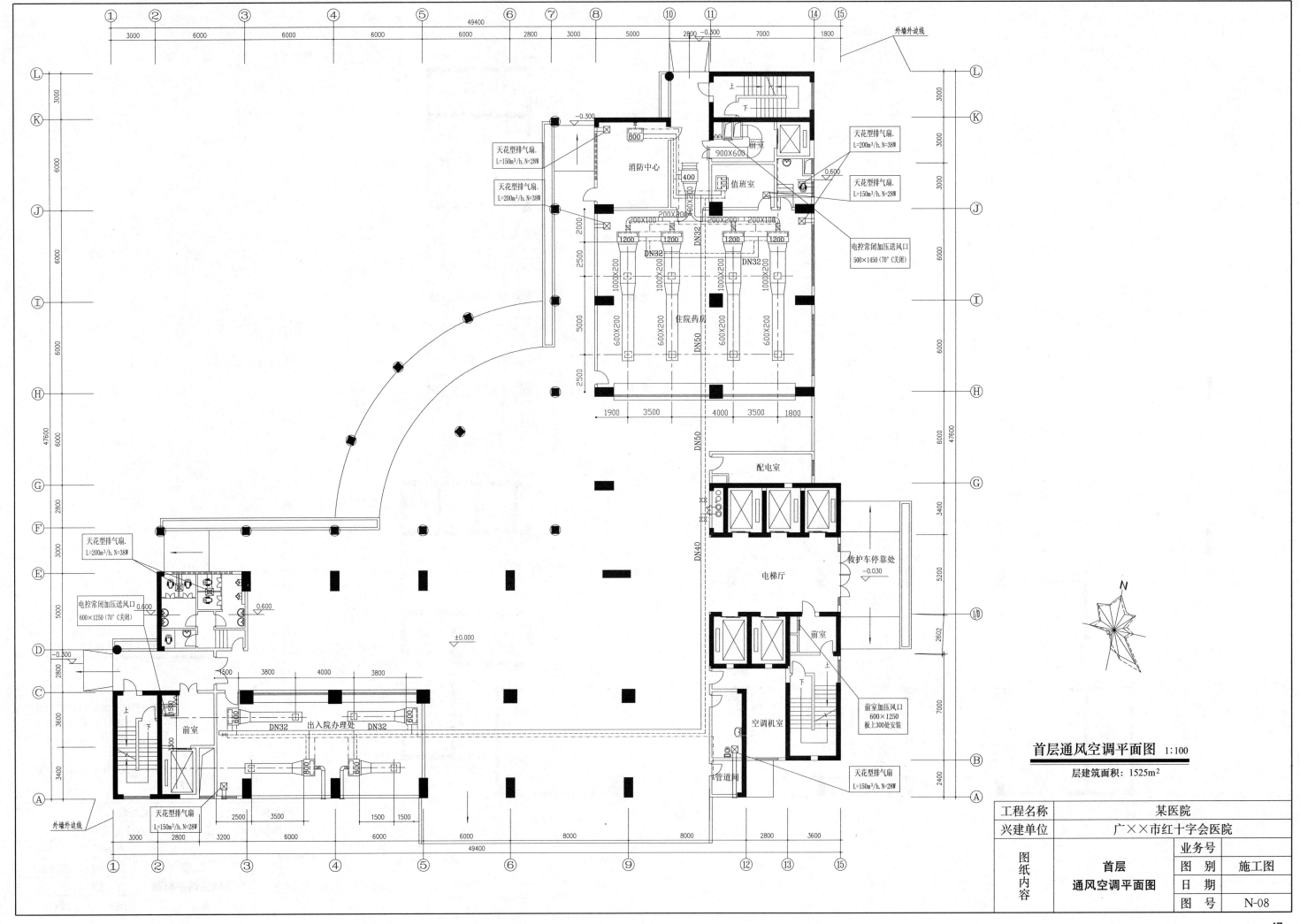

首层通风空调平面图 1:100

层建筑面积：1525m²

天花型排气扇.
L=150m³/h. N=28W

天花型排气扇.
L=200m³/h. N=38W

天花型排气扇.
L=200m³/h. N=38W

天花型排气扇.
L=200m³/h. N=38W

天花型排气扇.
L=150m³/h. N=28W

电控常闭加压送风口
500×1450 (70°C关闭)

消防中心

值班室

楼梯

住院药房

配电室

救护车停靠处
-0.030

电梯厅

空调机室

前室

前室加压风口
600×1250
板上300处安装

管道间

天花型排气扇.
L=150m³/h. N=28W

天花型排气扇.
L=200m³/h. N=38W

电控常闭加压送风口
600×1250 (70°C关闭)

出入院办理处

前室

天花型排气扇.
L=150m³/h. N=28W

外墙外边线

外墙外边线

±0.000

N

工程名称	某医院		
兴建单位	广××市红十字会医院		
图纸内容	首层通风空调平面图	业务号	
		图 别	施工图
		日 期	
		图 号	N-08

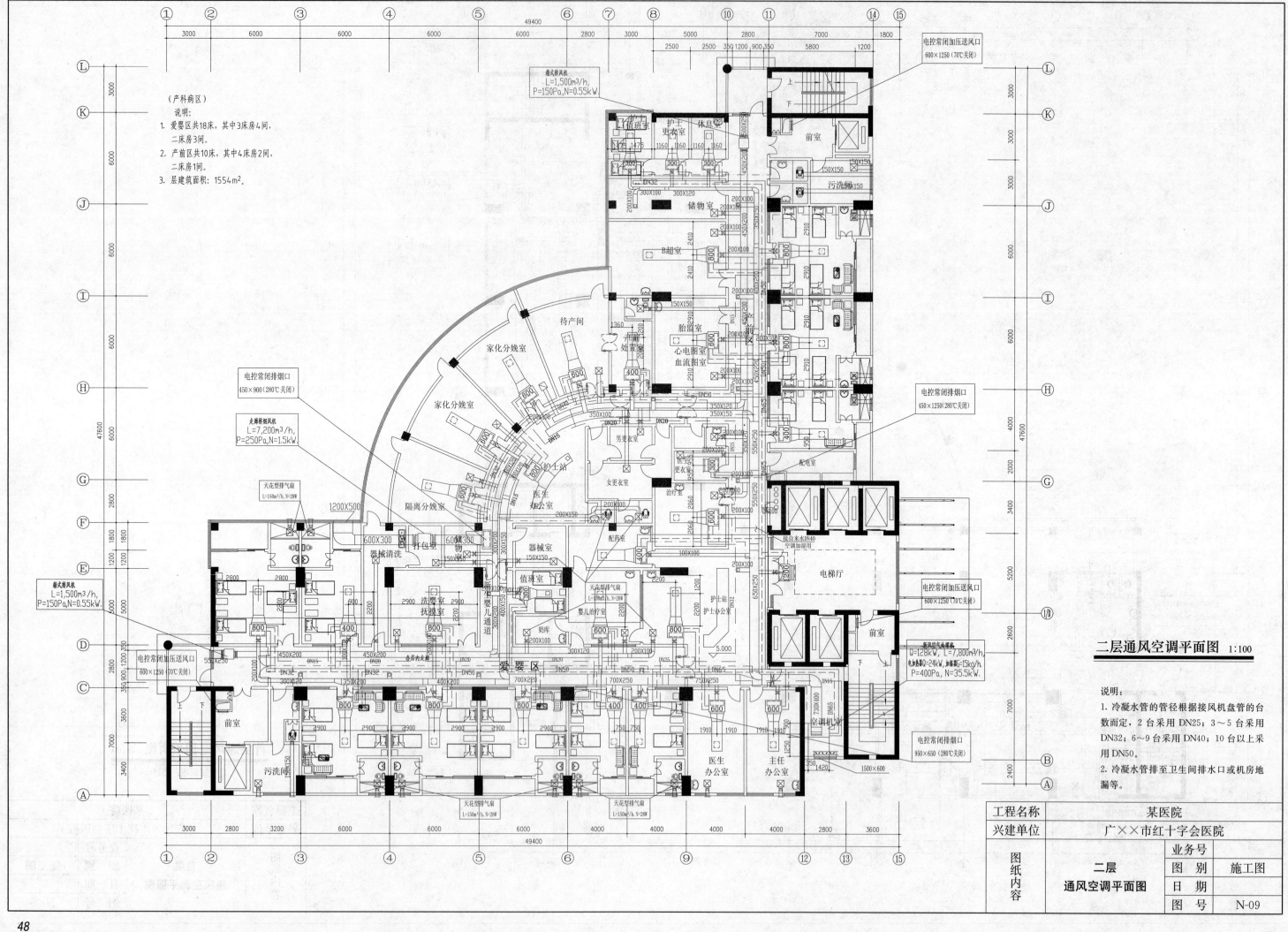

二层通风空调平面图 1:100

（产科病区）
说明：
1. 爱婴区共18床，其中3床房4间，
   二床房3间。
2. 产前区共10床，其中4床房2间，
   二床房1间。
3. 层建筑面积：1554m²。

说明：
1. 冷凝水管的管径根据接风机盘管的台数而定，2台采用DN25；3～5台采用DN32；6～9台采用DN40；10台以上采用DN50。
2. 冷凝水管排至卫生间排水口或机房地漏等。

工程名称		某医院	
兴建单位		广××市红十字会医院	
图纸内容	二层通风空调平面图	业务号	
		图 别	施工图
		日 期	
		图 号	N-09

48

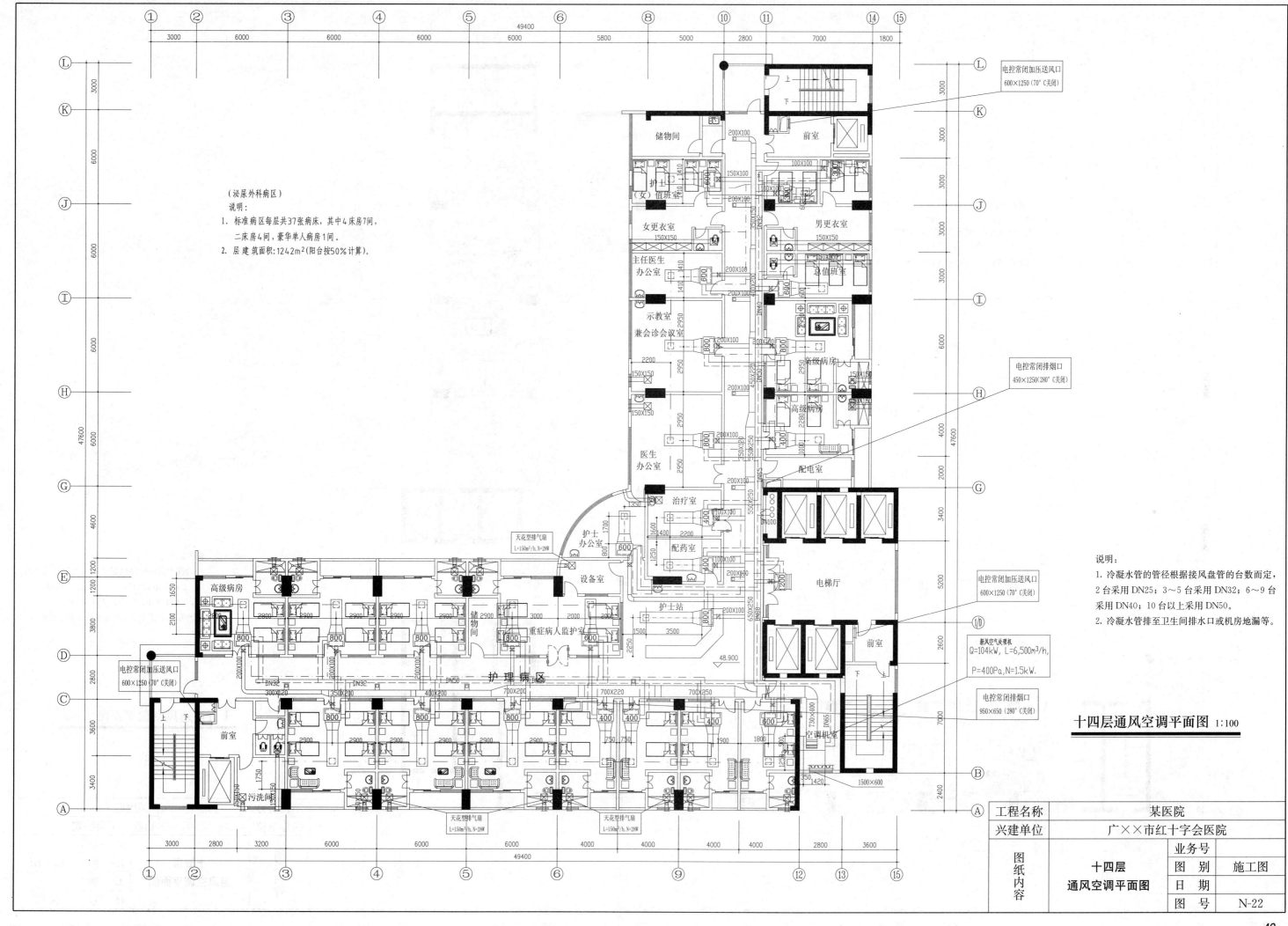

（泌尿外科病区）
说明：
1. 标准病区每层共37张病床，其中4床房7间，
   二床房4间，豪华单人病房1间。
2. 层建筑面积：1242m²（阳台按50%计算）。

电控常闭加压送风口
600×1250(70℃关闭)

电控常闭排烟口
450×1250(280℃关闭)

说明：
1. 冷凝水管的管径根据接风盘管的台数而定，
   2台采用DN25；3～5台采用DN32；6～9台
   采用DN40；10台以上采用DN50。
2. 冷凝水管排至卫生间排水口或机房地漏等。

电控常闭加压送风口
600×1250(70℃关闭)

新风空气处理机
Q=104kW, L=6,500m³/h,
P=400Pa,N=1.5kW.

电控常闭排烟口
950×650(280℃关闭)

电控常闭加压送风口
600×1250(70℃关闭)

十四层通风空调平面图 1:100

工程名称	某医院		
兴建单位	广××市红十字会医院		
图纸内容	十四层通风空调平面图	业务号	
		图 别	施工图
		日 期	
		图 号	N-22

49

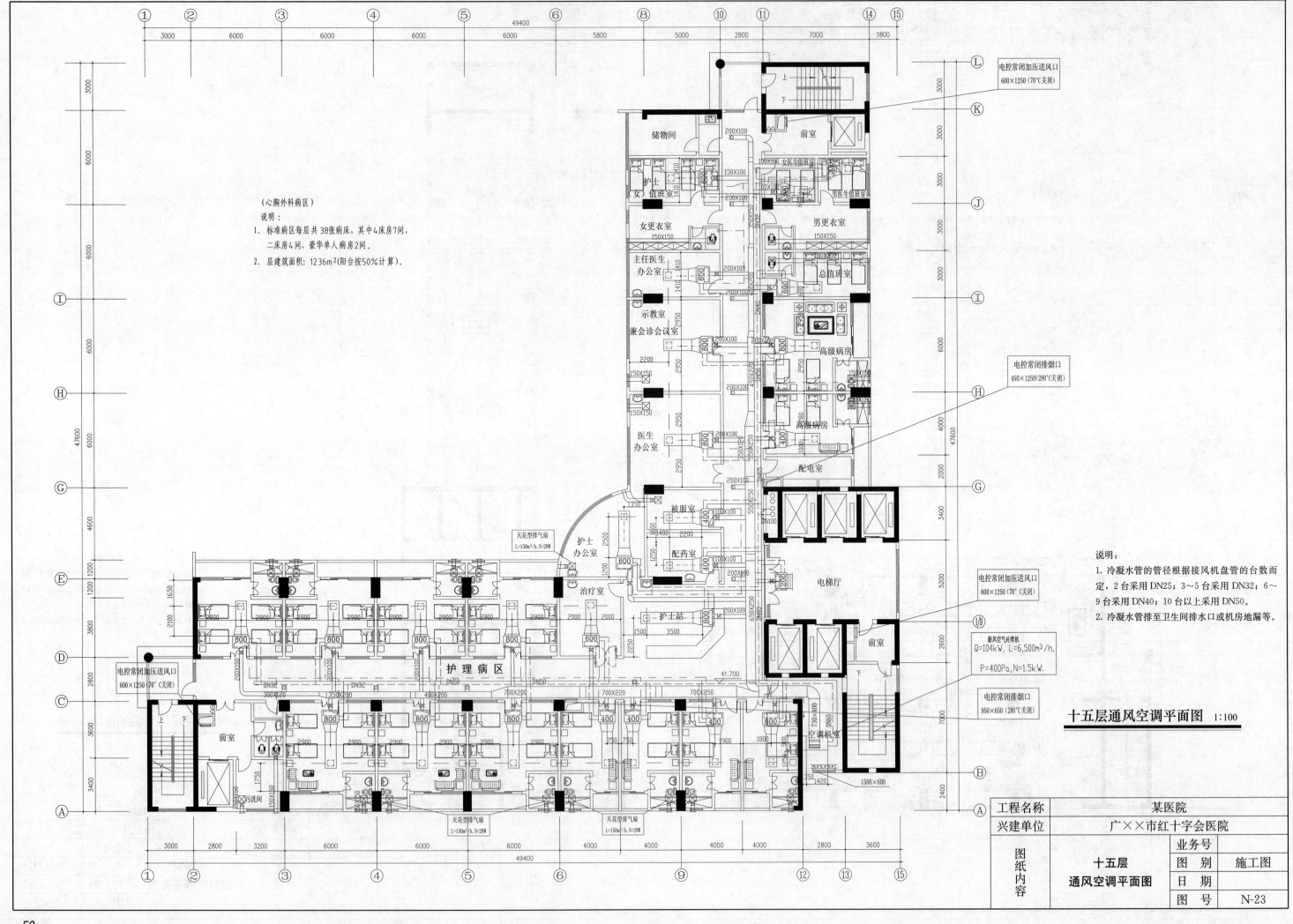

（心胸外科病区）

说明：
1. 标准病区每层共38张病床，其中4床房7间，
   二床房4间，豪华单人病房2间。
2. 层建筑面积：1236m²（阳台按50%计算）。

说明：
1. 冷凝水管的管径根据接风机盘管的台数而定，2台采用DN25；3～5台采用DN32；6～9台采用DN40；10台以上采用DN50。
2. 冷凝水管排至卫生间排水口或机房地漏等。

十五层通风空调平面图 1:100

储物间
护士（女）值班室
女更衣室
主任医生办公室
示教室兼会诊会议室
医生办公室
被服室
配药室
护士办公室
治疗室
护理病区
护士站
前室
污洗间
电梯厅
空调机室
前室
男医生值班室
男更衣室
总值班室
高级病房
高级病房
配电室
前室
电控常闭加压送风口 600×1250（70℃关闭）
电控常闭排烟口 450×1250（280℃关闭）
电控常闭加压送风口 600×1250（70℃关闭）
电控常闭排烟口 950×650（280℃关闭）
电控常闭加压送风口 600×1250（70℃关闭）
新风空气处理机 Q=104kW, L=6,500m³/h, P=400Pa, N=1.5kW.
天花型排气扇 L=150m³/h, N=28W

工程名称	某医院	
兴建单位	广××市红十字会医院	
图纸内容	十五层通风空调平面图	业务号
		图别 施工图
		日期
		图号 N-23

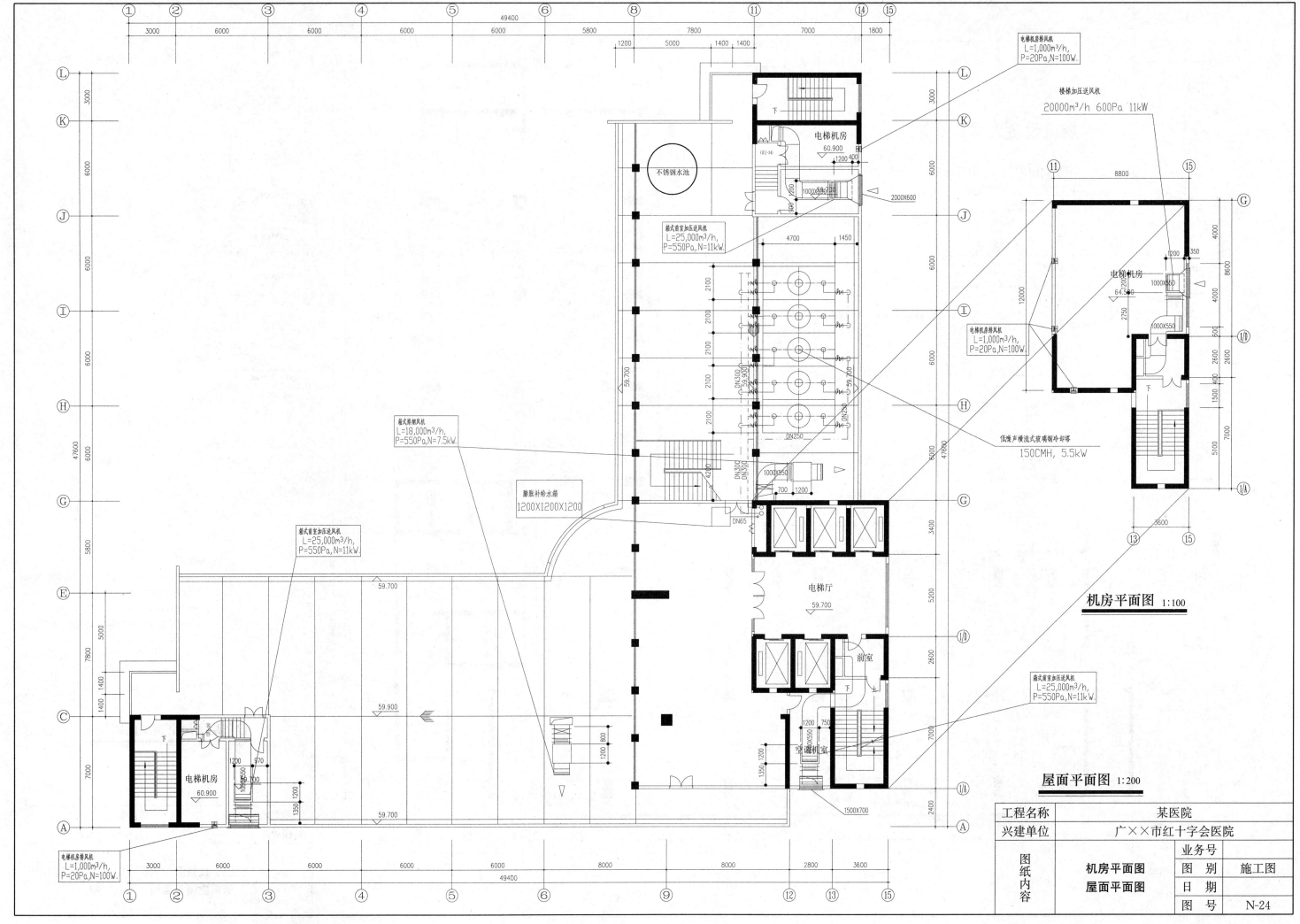

机房平面图 1:100

屋面平面图 1:200

工程名称	某医院
兴建单位	广××市红十字会医院

		业务号	
图纸内容	机房平面图 屋面平面图	图 别	施工图
		日 期	
		图 号	N-24

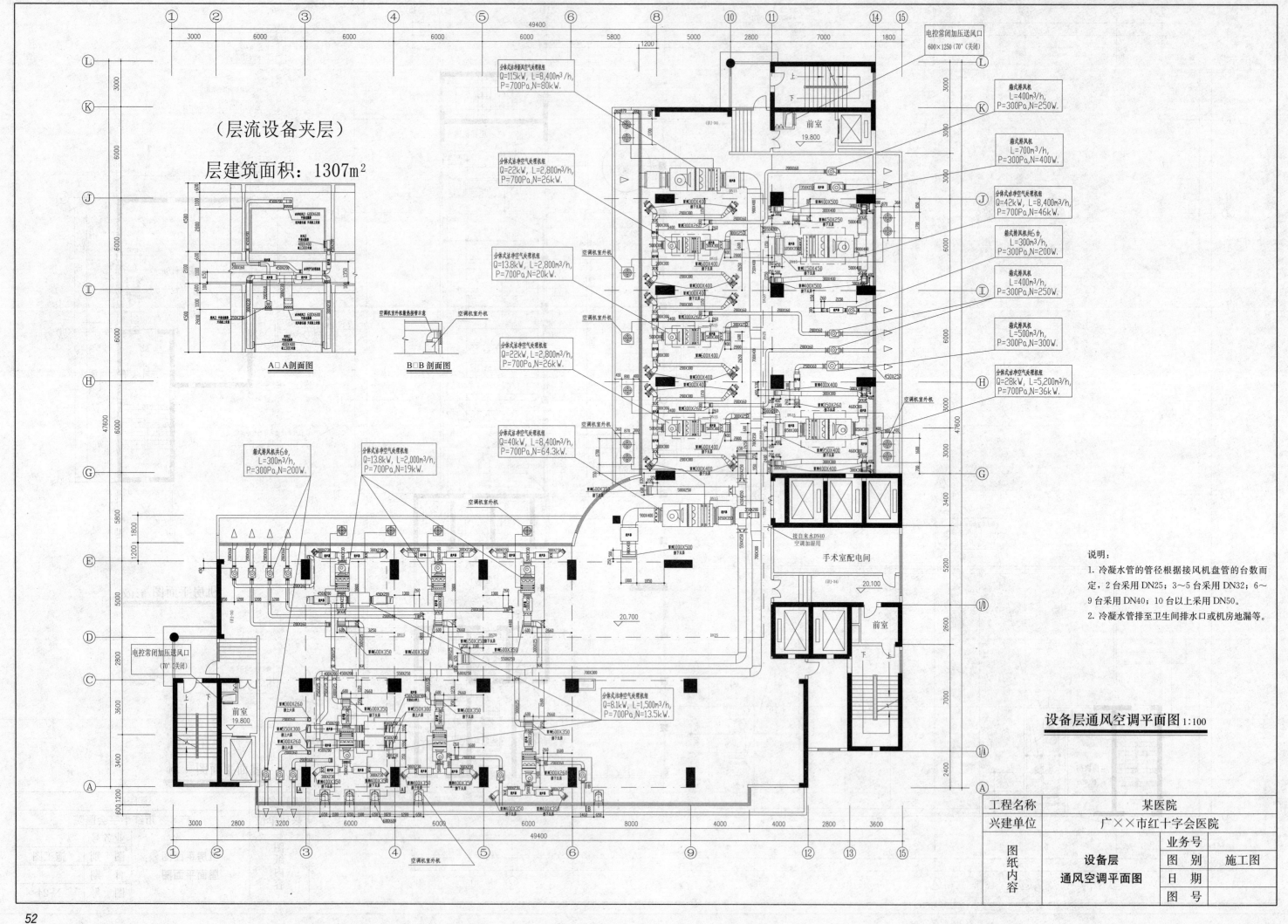

（层流设备夹层）

层建筑面积：1307m²

设备层通风空调平面图 1:100

说明：
1. 冷凝水管的管径根据接风机盘管的台数而定，2台采用DN25；3～5台采用DN32；6～9台采用DN40；10台以上采用DN50。
2. 冷凝水管排至卫生间排水口或机房地漏等。

工程名称	某医院		
兴建单位	广××市红十字会医院		
图纸内容	设备层通风空调平面图	业务号	
		图 别	施工图
		日 期	
		图 号	

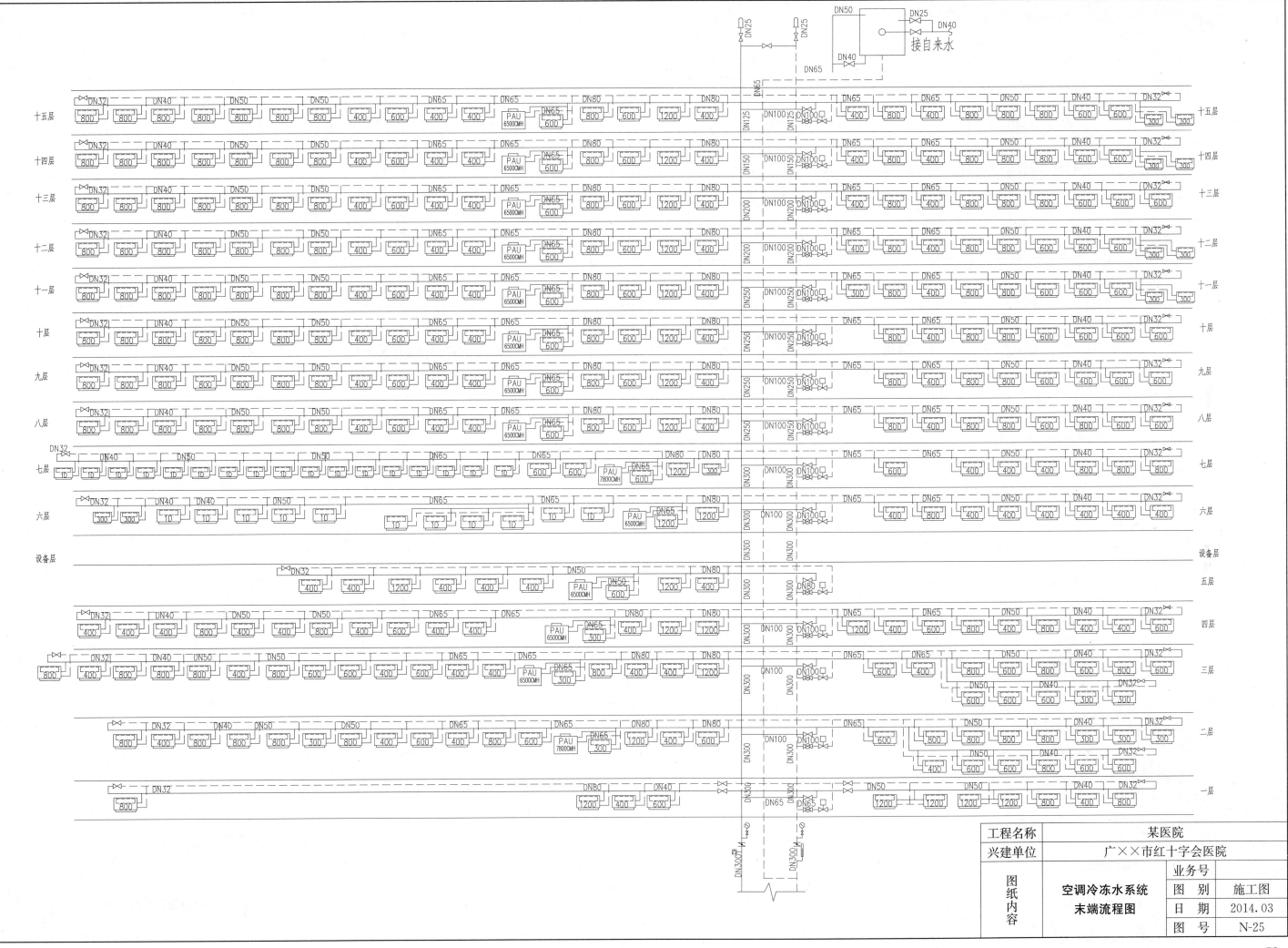

工程名称	某医院		
兴建单位	广××市红十字会医院		
图纸内容	空调冷冻水系统末端流程图	业务号	
		图　别	施工图
		日　期	2014.03
		图　号	N-25

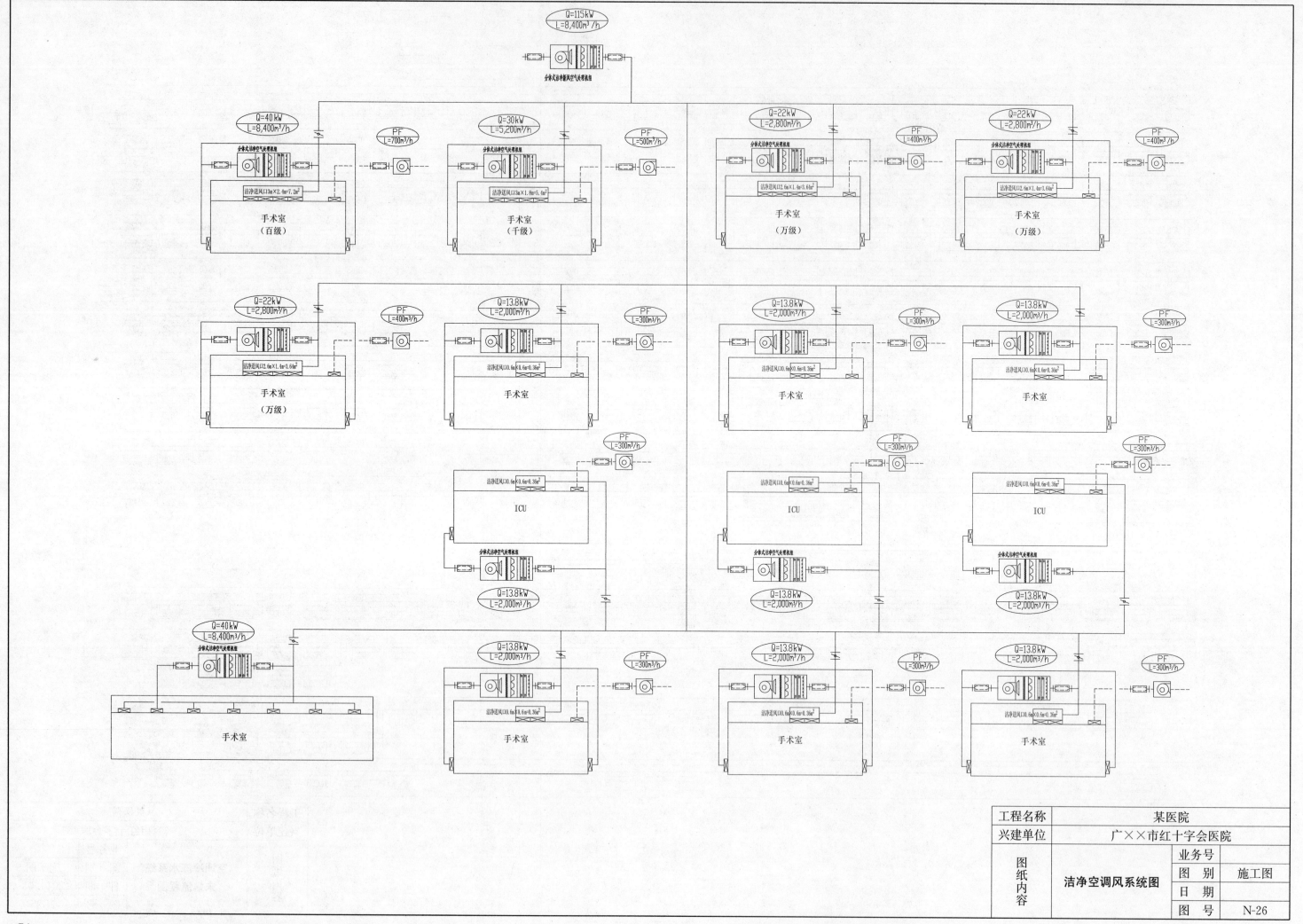

工程名称	某医院		
兴建单位	广××市红十字会医院		
图纸内容	洁净空调风系统图	业务号	
		图 别	施工图
		日 期	
		图 号	N-26

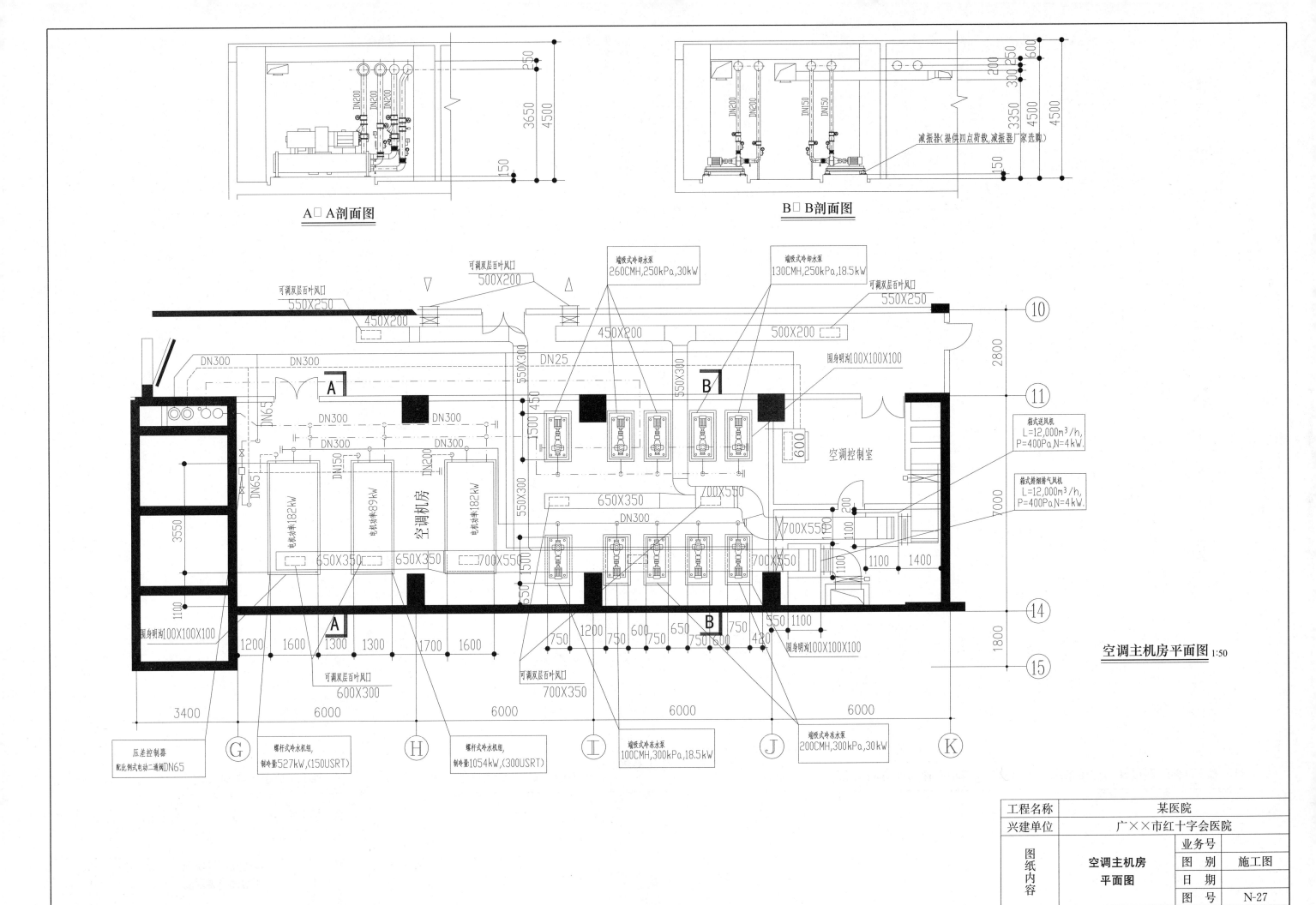

A□A剖面图

B□B剖面图

空调主机房平面图 1:50

可调双层百叶风口
500X200

端吸式冷却水泵
260CMH,250kPa,30kW

端吸式冷却水泵
130CMH,250kPa,18.5kW

可调双层百叶风口
550X250

可调双层百叶风口
550X250

围身明沟100X100X100

柜式送风机
L=12,000m³/h,
P=400Pa,N=4kW.

柜式排烟排气风机
L=12,000m³/h,
P=400Pa,N=4kW.

空调控制室

空调机房

电机功率182kW

电机功率89kW

电机功率182kW

围身明沟100X100X100

围身明沟100X100X100

可调双层百叶风口
600X300

可调双层百叶风口
700X350

压差控制器
配比例式电动二通阀DN65

螺杆式冷水机组,
制冷量527kW,(150USRT)

螺杆式冷水机组,
制冷量1054kW,(300USRT)

端吸式冷冻水泵
100CMH,300kPa,18.5kW

端吸式冷冻水泵
200CMH,300kPa,30kW

工程名称	某医院		
兴建单位	广××市红十字会医院		
图纸内容	空调主机房平面图	业务号	
		图别	施工图
		日期	
		图号	N-27

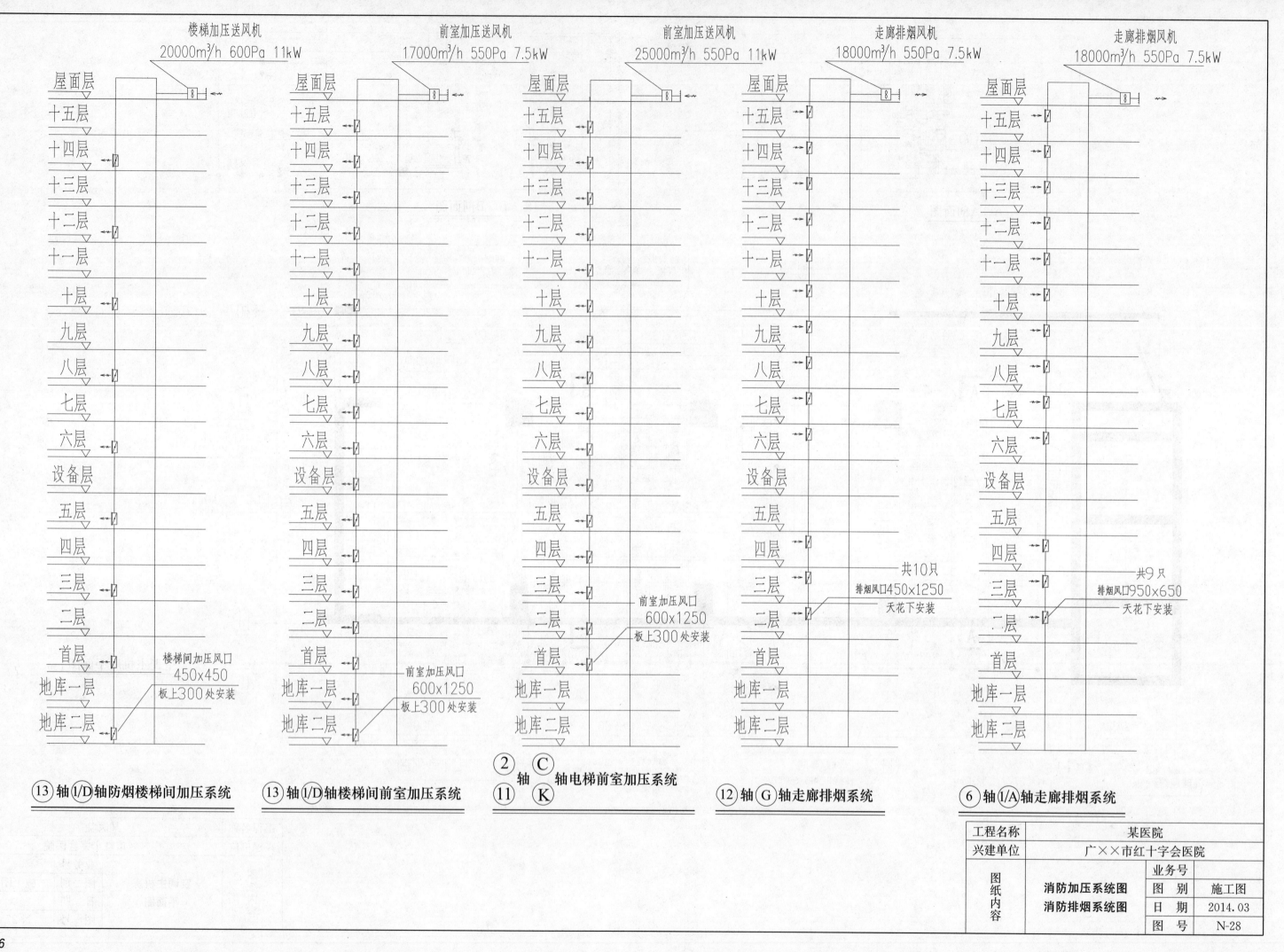

楼梯加压送风机
20000m³/h 600Pa 11kW

前室加压送风机
17000m³/h 550Pa 7.5kW

前室加压送风机
25000m³/h 550Pa 11kW

走廊排烟风机
18000m³/h 550Pa 7.5kW

走廊排烟风机
18000m³/h 550Pa 7.5kW

楼梯间加压风口
450x450
板上300处安装

前室加压风口
600x1250
板上300处安装

前室加压风口
600x1250
板上300处安装

共10只
排烟风口450x1250
天花下安装

共9只
排烟风口950x650
天花下安装

⑬轴①/D轴防烟楼梯间加压系统　　⑬轴①/D轴楼梯间前室加压系统　　②轴Ⓒ⑪轴Ⓚ轴电梯前室加压系统　　⑫轴Ⓖ轴走廊排烟系统　　⑥轴①/A轴走廊排烟系统

工程名称	某医院		
兴建单位	广××市红十字会医院		
图纸内容	消防加压系统图 消防排烟系统图	业务号	
		图 别	施工图
		日 期	2014.03
		图 号	N-28

通风空调设计说明

一、工程概况：

本工程为教导大队地源热泵中央空调工程，包括3号学员楼、体能馆、干部公寓楼（留个接口，考虑负荷），建筑面积约 15085m²，空调面积约 10910m²，空调面积占总建筑面积的71%。

二、设计依据：

1.《采暖通风与空气调节设计规范》GB 50019—2003；

2.《严寒和寒冷地区居住建筑节能设计标准》JGJ 26—2010；

3.《旅馆建筑设计规范》JGJ 62—1990；

4.《机井技术规范》SL 256—2000；

5.《供水管井技术规范》GB 50296—1999；

6.建设单位提供的设计要求；

7.各专业图纸及对本专业要求。

三、设计内容：

1. 1号学员楼热水主管；

2. 2号学员楼热水主管；

3. 3号学员楼空调及热水主管；

4. 第二食堂热水主管；

5. 体能馆空调及热水主管；

6. 空调机房、土建室外冷冻水及热水管线；

7. 室外水源井部分不在本次设计范围内，甲方另行委托；

8. 本空调设计不包括排烟、通风、排气、消防等部分内容。

四、设计参数：

1. 室外设计参数（广州）：

夏季空调干球温度：33.5℃　　夏季通风干球温度：31℃

夏季湿球温度：27.7℃　　夏季室外风速：1.8m/s

夏季大气压力：100.45kPa

冬季空调干球温度：5℃　　冬季通风干球温度：13℃

冬季相对湿度：68%　　冬季室外风速：2.4m/s

冬季大气压力：101.95kPa

2. 室内设计参数：

房间类别	夏季温度（℃）	夏季相对湿度（%）	冬季温度（℃）	冬季相对湿度（%）	新风量 [m³/(h·p)]	风速 (m/s)	噪声 [dB(A)]
客房	24～26	60	18～22	45	50	≤0.3	45
大堂	25～27	60	16～20	55	60	≤0.3	50
餐厅	25～27	65	18～22	55	60	≤0.3	50
体能馆	25～27	60	16～20	55	60	≤0.3	55
会议室	24～26	65	18～22	50	30	≤0.3	50
办公室	24～26	60	18～22	55	30	≤0.3	45

五、空调水系统：

1. 空调主机总热负荷2090kW；总冷负荷1624kW。

2. 根据功能及昼夜运行的特性，本工程拟分两个系统。一为3号学员楼的中央空调系统。另一系统为体能馆及干部公寓楼（预留接口），两台空调主机房可根据天气的变化、开房率的变化来控制开停及部分负荷运行。

3. 根据各建筑物功能与昼夜使用时间的特点，采用大小主机搭配的方案。拟选一台300USRT水源热泵螺杆式冷水机组与一台160USRT水源热泵螺杆式冷水机组（带全热回收）。小机组适应夜间降低峰负荷运行和供应生活热水的特性。

4. 冷冻水泵、回扬泵各选三台，其中各有一台备用。备用泵按大主机流量备用一台。

5. 室外水源井部分不在本次设计范围内，甲方另行委托。

6. 空调膨胀补给水箱设于3号学员楼屋面层、冷冻水系统最高处。补给水管从给水排水专业给水管接来。

7. 空调冷冻水干管采用二管异程闭式系统。系统最高处设自动排气阀，最低处设排水阀。支管采用同程式。

六、空调风系统：

体能馆采用低风速单风道喷送风口集中送风系统。其余采用风机盘管系统。

七、平时通风系统：（不在本次设计范围）

公共卫生间换气次数约10次/h，客房卫生间换气次数6次/h，天花排气扇由侧墙排出。

八、自控及监测：

1. 空调主机设电动蝶阀，以便管理与控制。

风柜与新风处理机均设比例电动二通阀，风机盘管设双位电动二通阀，比例电动二通阀通过温控器调节与控制，双位电动二通阀通过三速开关与温控器调节与控制。

2. 空调系统设备启停与控制：先启动各层电动阀与空调末端设备，开启应开设备的电动阀，再启动地源水泵、冷冻水泵和地热盘管，最后启动冷水机组。系统停止时，上述顺序相反。

3. 水系统为变流量系统，在冷冻水供回水总管间设压差控制器，根据控制供回水压差自动调节旁通比例式电动二通阀，以保持冷水机组水量不变及负荷侧供回水压恒定。

4. 空调风柜、新风柜、风机等大型设备，除设就地开关外，还在空调控制室设遥控开关并显示其运行状态。

5. 空调风柜、新风柜的温度靠比例电动二通阀及温度控制器控制。

九、消声及减振措施

1. 空气处理机送风管上设管道式消声器或消声弯头。

2. 屋顶消防排烟风机采用低转数轴流风机，进风口设消声器。

3. 空气处理机、新风机及风机进出风管上设柔性软接头。

4. 箱式离心风机吊装时采用弹簧减振支座，空气处理机、新风机、风机座地安装时采用橡胶减振垫。

5. 空调冷水机组、冷冻、冷却水泵进出水管上设不锈钢或橡胶软接头，基础采用弹簧或橡胶减振垫。

工程名称	某培训大楼		
兴建单位	广×省边防总队		
图纸内容	通风空调设计说明	业务号	
		日 期	
		图 别	空施
		图 号	K-01

通风空调施工说明

一、风管的制作，安装：

1. 设计图中所注的风管高度（以风管所在层地面为准），对于方形或矩形风管，以风管底为准；对于圆形风管，以中线为准。

2. 一般通风与空调风管根据《通风与空调工程施工质量验收规范》GB 50243—2002 的规定制作，地下室排烟排气风管采用无机玻璃钢制作，送风、排风管壁板材厚度根据下表确定：

圆风管直径或矩形风管大边长（mm）	钢板(mm)			无机玻璃钢(mm)		聚氯乙烯（mm）	不锈钢（mm）
	一般风管	消防风管	除尘风管	圆风管	矩形风管		
100～320	0.50	0.80	1.50	3.00	3.00	3.00	0.50
400～450	0.60	0.80	1.50	3.00	3.50	4.00	0.50
480～630	0.80	0.80	2.00	3.50	4.00	5.00	0.75
670～1000	0.80	0.80	2.00	4.00	5.00	6.00	1.00
1120～1250	1.00	1.20	3.00	5.00	6.00	—	1.50
1320～3000	1.20	1.20		6.00	6.50		

无机玻璃钢通风管道的制作及检收，按国标 JCG 646—1996 标准执行。

3. 风管与风管的连接：

矩形风管最大边长或圆形风管直径在 500mm 以下，可采用插条连接；500mm 以上采用法兰连接，风管法兰按《通风与空调工程施工质量验收规范》GB 50243—2002 的规定确定，螺栓及铆钉的间距不应大于 150mm。

风管上的可拆卸接口，不得设置在墙体或楼板内。

4. 空调及送排风矩形风管边长大于或等于 800mm，其管段长度在 1.2m 以上，均应采取加固措施，采用法兰或中间加固支撑如下图：

5. 水平或垂直的风管，须设置必要的支、吊或托架，其构造形式由安装单位在保证牢固的前提下，根据现场情况选定，详见国标 T607，一般风管直径或大边小于 800mm，支架间距不超过 2.5m；风管直径或大边大于或等于 800mm，支架间距不超过 2.0m，防火阀必须单独配置支吊架。

保温风管的支、吊或托架与风管间应镶以垫木，同时应避免在法兰、测量孔、调节阀等零件处设置支架或吊架。

6. 暗装于天花内的风管调节阀或防火阀，水管阀门，必须注意将操作手柄配置在便于操作的部位，同时在相应位置留 500mm×500mm 检修洞。

7. 安装防火阀和排烟阀时，应先对其外观质量和动作的灵活性与可靠性进行检验，确认合格后再进行安装，安装位置必须与设计相符，气流方向务必与阀体标志的箭头相一致，严禁反向，安装于壁洞或楼板的防火阀应在墙上或楼板上安装，如无法安装时，穿过墙洞或楼板的风管与防火阀连接段必须用 2mm 的钢板制作，加工后需刷防锈底漆，色漆各两道。

8. 风管与通风机进出口相联处应设置长度为 100～150mm 软接头；软接管的接口应牢固，严密，严禁在软接处变径。

二、水管的安装：

1. 设计图中所注管道标高，均以管轴线为准。

2. 阀门与风机盘管之间的冷冻水管应采用铜管，其余室内的冷冻和冷却水管采用无缝钢管；冷凝水管采用 PVC 管；室外的冷冻水管采用玻璃钢聚氨酯保温管（内衬无缝钢管）；室外的热水管采用玻璃钢聚氨酯保温管（内衬不锈钢管），室内热水管采用钢塑管。

3. 保温水管道支吊架的最大跨距，不应超过下表给出的数值。

公称直径（mm）	最大跨距（m）	公称直径（mm）	最大跨距（m）	公称直径（mm）	最大跨距（m）
10～25	2.0	150	8.0	400	8.0
32～50	3.0	200	8.0	450	8.0
65～80	4.5	250	8.0	500	8.0
100	6.0	300	8.0	600	8.0
125	8.0	350	8.0	700	8.0

4. 管道连接：凡与冷冻主机、水泵、冷风柜及风机盘管连接的水管，应采用丝扣（加活接头）连接或法兰连接，以便维修拆卸，其余无缝钢管采用焊接。

5. 水管安装前必须消除管内污垢、杂物以免日后堵塞设备，焊接钢管或无缝钢管安装前，在表面除锈后，刷防锈底漆两道。

6. 所有水平或垂直的水管，必须根据现场情况，设置固定或活动的支、吊或托架，其构造形式和设置位置，由安装单位在保证牢固、可靠的前提下选定，详见国标 88R420，水管的支、吊或托架应设置于保温层的外部，并在支、吊、托架与管道间镶以垫木，同时，应避免在法兰、测量孔、调节阀等零件处设置支、吊、托架。

7. 冷凝水管尽可能取较大的坡度，坡向排水口，最小坡度不得小于 0.003。

三、主要设备的安装：

空调制冷机：制冷机组的清洗、安装、试漏、加油、抽真空、充加制冷剂、调试等事宜，应严格按照制造厂提供的《使用说明书》进行，同时，还应遵守《制冷设备、空气分离设备安装工程施工及验收规范》GB 50247—1998 及其他有关规范、标准中的各项规定。

镀锌钢管的具体规格如下：

公称直径		外径×壁厚（mm）
mm	in	
DN15	1/2	21.3×2.75
DN20	3/4	26.8×2.75
DN25	1	33.5×3.25
DN32	1¼	42.3×3.25
DN40	1½	48×3.5
DN50	2	60×3.5
DN65	2½	77.5×3.5
DN80	3	88.5×4.0
DN100	4	111×4.0
DN125	5	140×4.5
DN150	6	165×4.5

无缝钢管的具体规格如下：

公称直径 mm	外径×壁厚（mm）
DN25	32×3.0
DN32	38×3.0
DN40	48×3.5
DN50	57×3.5
DN65	73×3.5
DN80	89×4.5
DN100	108×4.5
DN125	133×5.0
DN150	159×6.0
DN200	219×7.0
DM250	273×8.0
DN300	325×9.0
DN350	377×9.0
DN400	426×9.0
DN450	480×9.0
DN500	530×10.0
DN550	560×10.0
DN600	630×10.0
DN700	720×10

四、管道和设备的冲洗、排污以及系统的试压：

1. 整个系统安装完毕，在加水之前，将所有设备的进出水阀门关闭，打开所有旁通阀门，系统加满水后开动冷冻，冷却水泵进行管道清洗，运行一段时间后，清除滤污器内的杂物，反复进行数次，直至滤污器无杂物干净为合格，然后打开系统最低点排污阀，排清管网内存水，管网反复排污数次，关闭管网的旁通阀，打开所有设备的进出阀门进行系统充水。

2. 管道系统的试压：

本系统冷热水管工作压力为 0.65MPa，试验压力为 1.0MPa。

本系统冷却水管工作压力为 0.95MPa，试验压力为 1.43MPa。

水压试验的要求：先加压至试验压力，观测 10min，管道压力降不大于 0.02MPa，管道附件和接口等未出现渗漏，然后将压力降至工作压力，进行外观检查，24h 不漏，压力不降为合格。

五、风管，水管的保温：

1. 风管的保温：风管必须在查漏后方可保温，风管保温的做法及材料：风管及阀门均采用橡塑发泡保温；保温厚度 19mm（容重不大于 60kN/m³）。室外空调风管采用厚度 40mm 的发泡聚氨酯保温，再包玻璃布，外涂乳化沥青，最外层包 0.7mm 锌铁板或铝合金板。

2. 水管的保温：水管必须在水压试验后方可保温，室内水管保温的做法及材料：

冷热水供回水管、冷凝水管、泵及阀门均采用橡塑发泡保温，容重不大于 60kN/m³；(1) 冷凝水管保温采用厚度 19mm；(2) 其余按下列要求：≤DN80 采用厚度 32mm 保温，DN100 及以上采用厚度 44mm 保温。

3. 室外冷热水管采用玻璃钢聚氨酯保温管，本类管材为整体式预制保温管道，安装要求由厂家提供，同时管道及管件需要符合《高密度聚乙烯外护管聚氨酯泡沫塑料预制直埋保温管》要求。

六、系统的调试和试运行：空调系统的冷却水，冷冻水系统安装竣工并试压、冲洗合格及风系统试漏、保温后，应进行必要的清扫。

1. 单机试运转：通风机、风机盘管、冷风柜、水泵、空调制冷机等设备，应逐台启动运转，考核其基础转向、传动、润滑、平衡、温升等的牢固性，正确性、灵活性、可靠性、合理性等。

2. 水系统的调试：

(1) 水系统投入运行前，请有关部门对循环水进行水质处理，使管道内表面钝化，以达到缓蚀阻垢之目的。

(2) 冷热水系统试运行，应尽量使通过各台空调主机，冷热泵的水量接近相同，注意观察压力表，温度计，调节阀门使通过各台制冷机、冷冻泵的水量、温差保持在合理范围，冷冻水进出水的设计温度为 5℃（12℃/7℃）。

(3) 冷风柜，风机盘管的水系统试运行，按不同的设计工况进行试运行，测定与调整室内的温度和湿度，使之符合设计规定参数，注意观察压力表，温度计，调节阀门使通过冷风柜，风机盘管的水量，温差保持在合理范围，冷冻水进出水设计温差为 5℃。

3. 风系统的调试：

风系统安装完毕后试运行冷风柜风机时，应对风口逐个进行调整，使送风均匀，并在调节手柄上以油漆刷上标记。

4. 以上调试过程，应做好记录，使空调区内温度均匀。风量调整好以后，应将所有风阀固定。

七、其他：

1. 有关空调，通风工程的风管、水管，其制作、安装、调试验收均参照国《通风与空调工程施工质量验收规范》GB 50243—2002 和《建筑给水排水及采暖工程施工质量验收规范》GB 50242—2002 执行。

工业金属管道工程施工规范 GB 50235—2010 执行。

2. 凡穿墙、穿楼板安装的风管、水管、防火阀的缝隙，安装完毕后用混凝土或水泥砂浆堵塞严密。

3. 风管、水管、设备的支架、吊架、法兰、加固条等铁件加工后，非镀锌件的需在除锈后刷防锈底漆，色漆各两道，非保温管道在表面除锈后，刷底漆两遍，干燥后再刷色漆两遍。

4. 通风空调送、排风系统及水系统的设备安装，附件制作、安装，风管，水管穿越天面防水、防雨、防漏处理，依国标图集为依据。

5. 以上说明如与国标规范不同之处以国标为准。

工程名称	某培训大楼		
兴建单位	广×省边防总队		
图纸内容	通风空调施工说明	业务号	
		日　期	2009.03
		图　别	空施
		图　号	K-02

图 例

符号	名称	符号	名称
	水源热泵		安全阀
平面 系统	卧式端吸泵	O	橡胶软接头
平面 系统	立式离心泵		
	Y型过滤器		
	温度计		
	压力表		
	蝶阀		
	电动阀		
	水表		
	止回阀		

7℃（45℃）——夏季工况温度（冬季工况温度）
空调主机夏季供冷、冬季供暖的切换通过 A、B 阀实现；
夏季供冷：A 阀开，B 阀闭
夏季供冷同时制备热水：A、B 阀开，B 阀闭
冬季供暖：A 阀闭，B 阀开
制备热水：A 阀闭、B 阀开

热水系统运行说明：
　　1. 热水循环加热系统，当水箱温度低于设定值时，热水加热循环泵及主机开启，对水箱进行补热；当水箱液位低于设定值时，自来水补水，同时，主机开启补热。
　　2. 本系统楼栋分散，系统回水压力降相差较大，为保证各回路循环畅通，减少投资。1号、3号学员楼及其他楼的回水按照三个支路单独回水。在回水末端设置调节阀组，保证循环流量、循环温度和系统压力。
　　3. 水箱内冷热水分层，热水温差梯级变化，支路回水管深入至水箱底部，靠近循环加热泵吸水口。
　　保证水箱内低温热水的加热，循环加热回水靠近热水供水侧，保证热水供应温度。

主要设备材料表

序号	名称	规格 型号	单位	数量	备注
19	平衡水箱		个	1	L=3m³
18	电子水处理仪	Q=8L/s	套	1	
17	电子水处理仪	Q=100L/s	套	1	
16	胶球清洗装置	HCTCS 200 SHA	套	1	包含循环单元、分离器、胶球、控制箱等
15	胶球清洗装置	HCTCS 150 SHA	套	1	包含循环单元、控制箱、分离器、胶球等
14	热水循环水泵	IP125-130/4	台	2	Q=30L/s H=10.0m N=7.5kW n=1450r/min
13	变频供水设备	Hydro MPC-F	套	1	Q=45m³/h H=60m N=18kW
12	热水箱		个	1	L=40m³
11	水流开关		个	5	主机配带
10	分水器	φ500	个	1	专业厂家定做
9	集水器	φ500	个	1	专业厂家定做
8	压差水路旁通阀	DN150	套	1	
7	膨胀水箱		个	1	L=1m³
6	回扬泵	NBG100-65-315	台	1	Q=20L/s H=30.0m N=11kW n=1450r/min
5	回扬泵	NBG125-80-315	台	1	Q=35L/s H=30.0m N=18.5kW n=1450r/min
4	冷冻(热水)水泵	NBG125-80-315	台	2	Q=35L/s H=36.0m N=22kW n=1450r/min
3	冷冻(热水)水泵	NBG150-125-315	台	2	Q=65L/s H=36.0m N=37kW n=1450r/min
2	水源热泵冷水机组（带全热回热）WPS160.1A	WPS160.1A	台	1	制热工况：q(热)=730kW N(热)=122kW Q(热水)=35L/s Q(水源)=14.6L/s 制冷工况：q(冷)=566kW N(冷)=97.8kW Q(冷水)=35L/s Q(水源)=14.6L/s 全热回收：q(冷)=455kW N(冷)=142kW Q(热水)=34L/s t=40~50℃ 水源水进出水温度:(制热)25℃/15℃,(制冷)25℃/36℃
1	水源热泵冷水机组 WPS295.2A	WPS295.2A	台	1	制热工况：q(热)=1363kW N(热)=226kW Q(热水)=65L/s Q(水源)=27.2L/s 制冷工况：q(冷)=1058kW N(冷)=182kW Q(冷水)=65L/s Q(水源)=27.2L/s 水源水进出水温度:(制热)25℃/15℃,(制冷)25℃/36℃

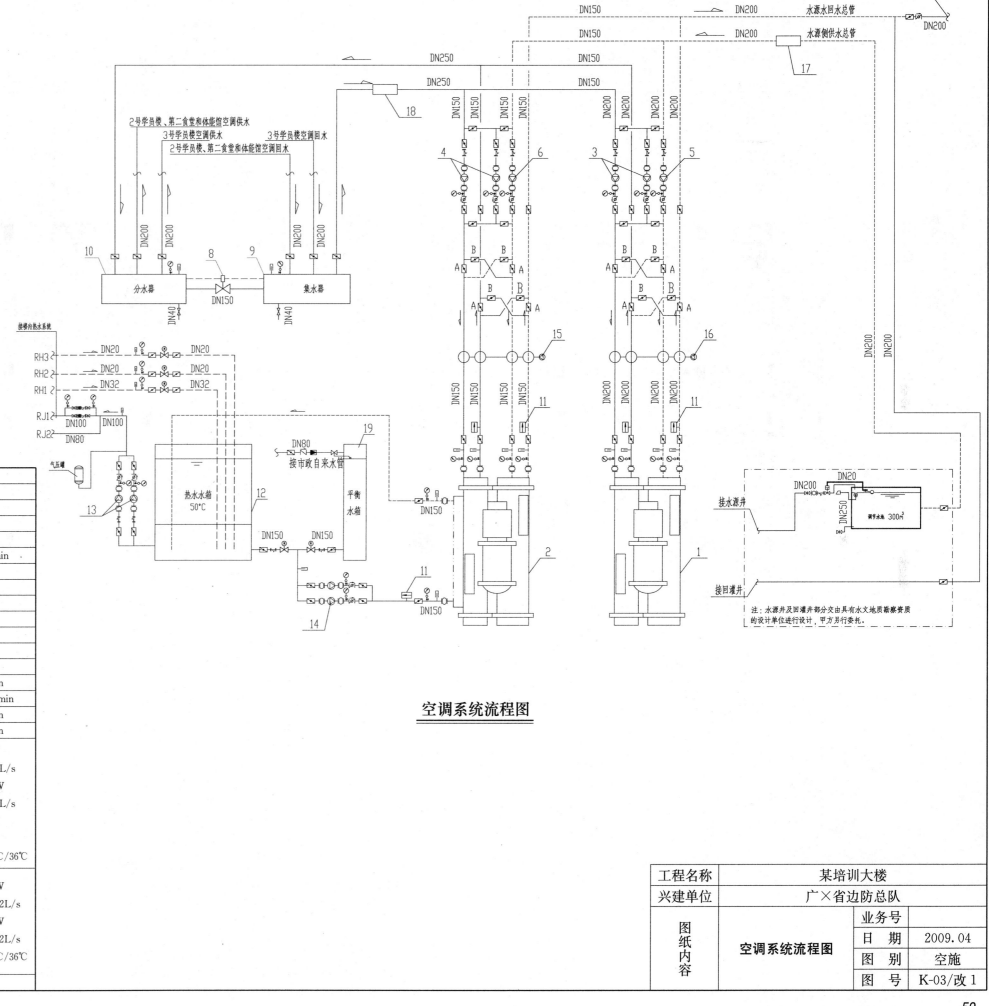

空调系统流程图

工程名称	某培训大楼
兴建单位	广×省边防总队

图纸内容	空调系统流程图	业务号	
		日期	2009.04
		图别	空施
		图号	K-03/改1

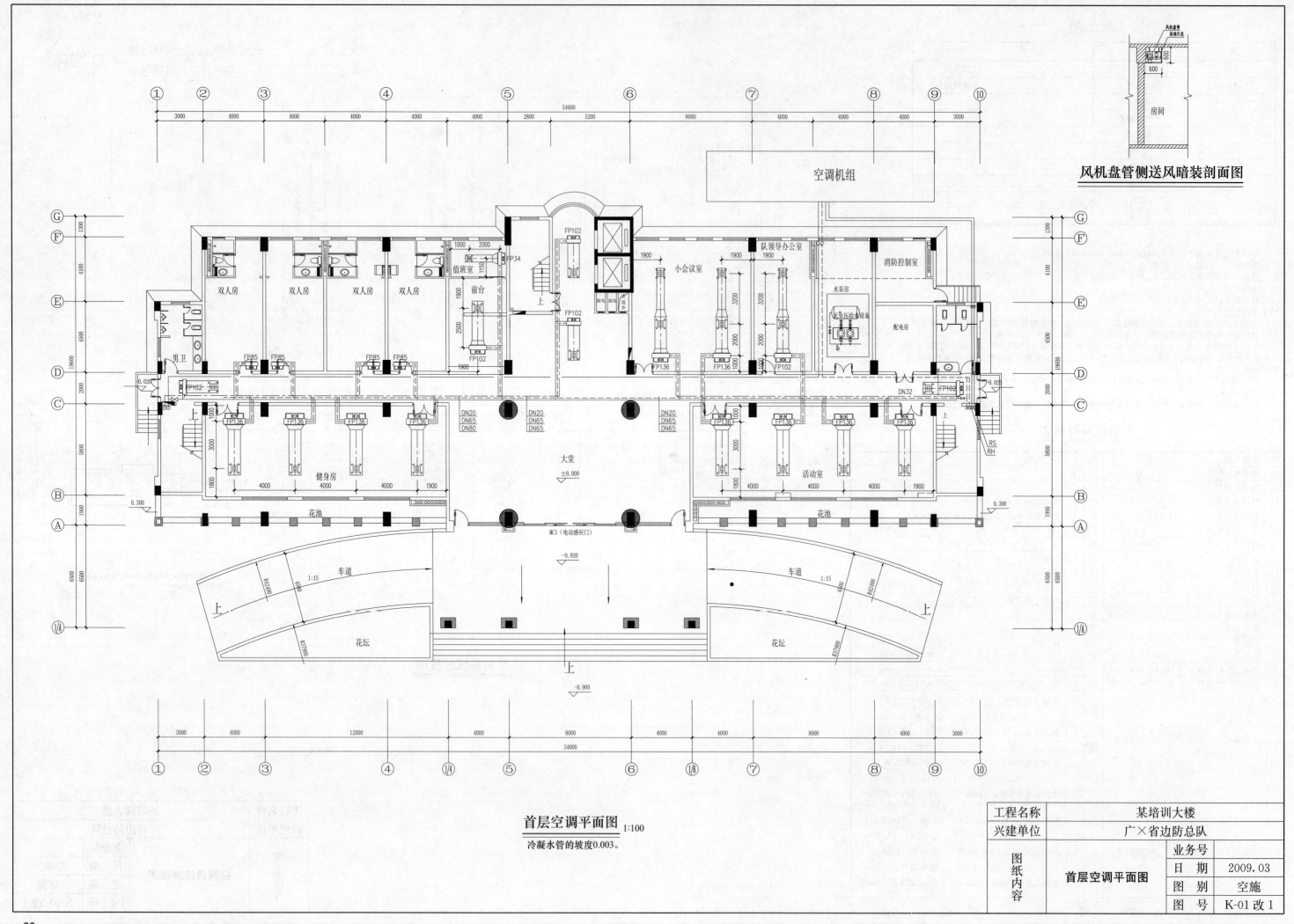

风机盘管侧送风暗装剖面图

空调机组

首层空调平面图 1:100
冷凝水管的坡度0.003。

工程名称	某培训大楼		
兴建单位	广×省边防总队		
图纸内容	首层空调平面图	业务号	
		日 期	2009.03
		图 别	空施
		图 号	K-01改1

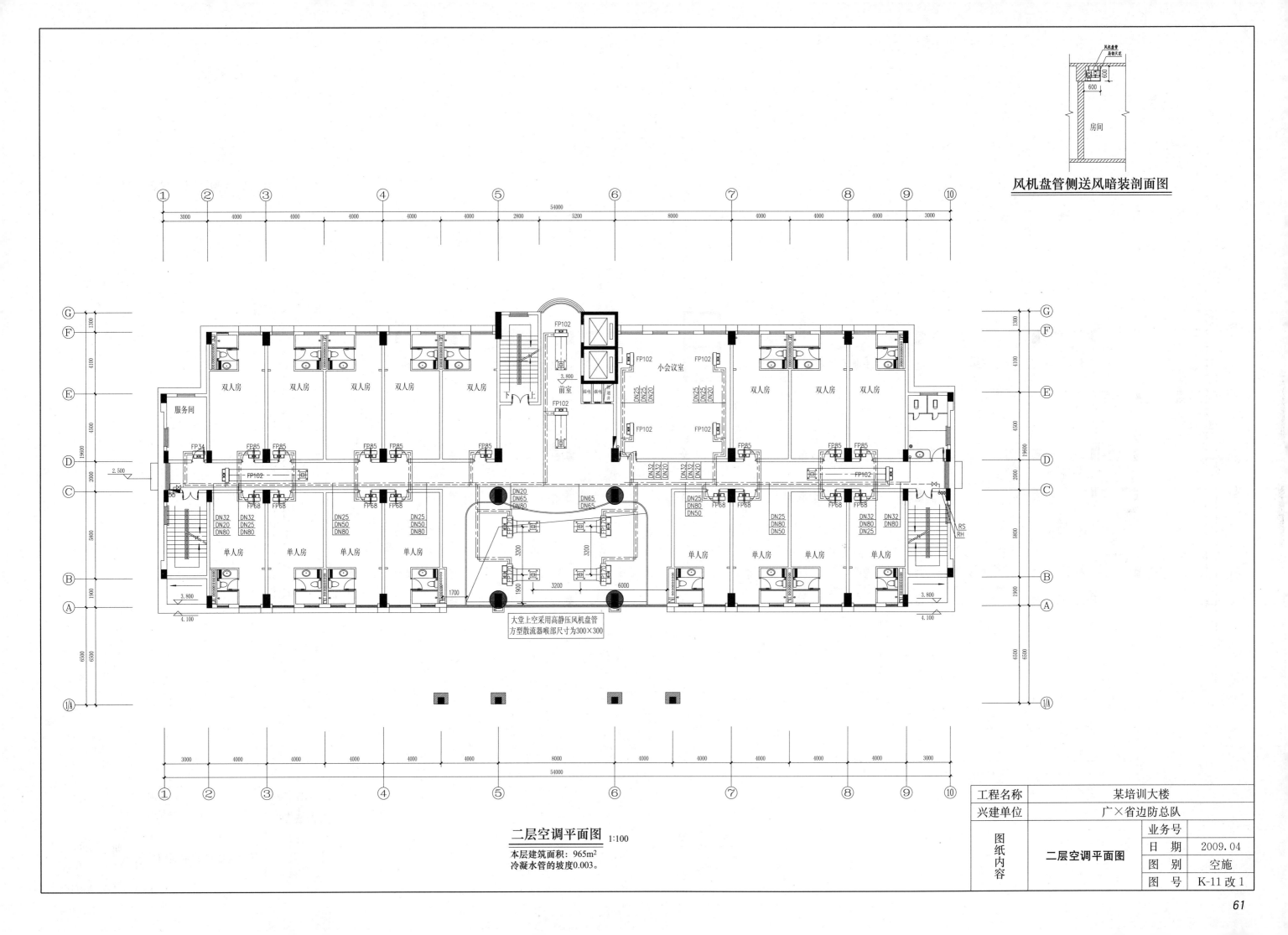

风机盘管侧送风暗装剖面图

二层空调平面图 1:100

本层建筑面积：965m²
冷凝水管的坡度0.003。

工程名称	某培训大楼		
兴建单位	广×省边防总队		
图纸内容	二层空调平面图	业务号	
		日 期	2009.04
		图 别	空施
		图 号	K-11改1

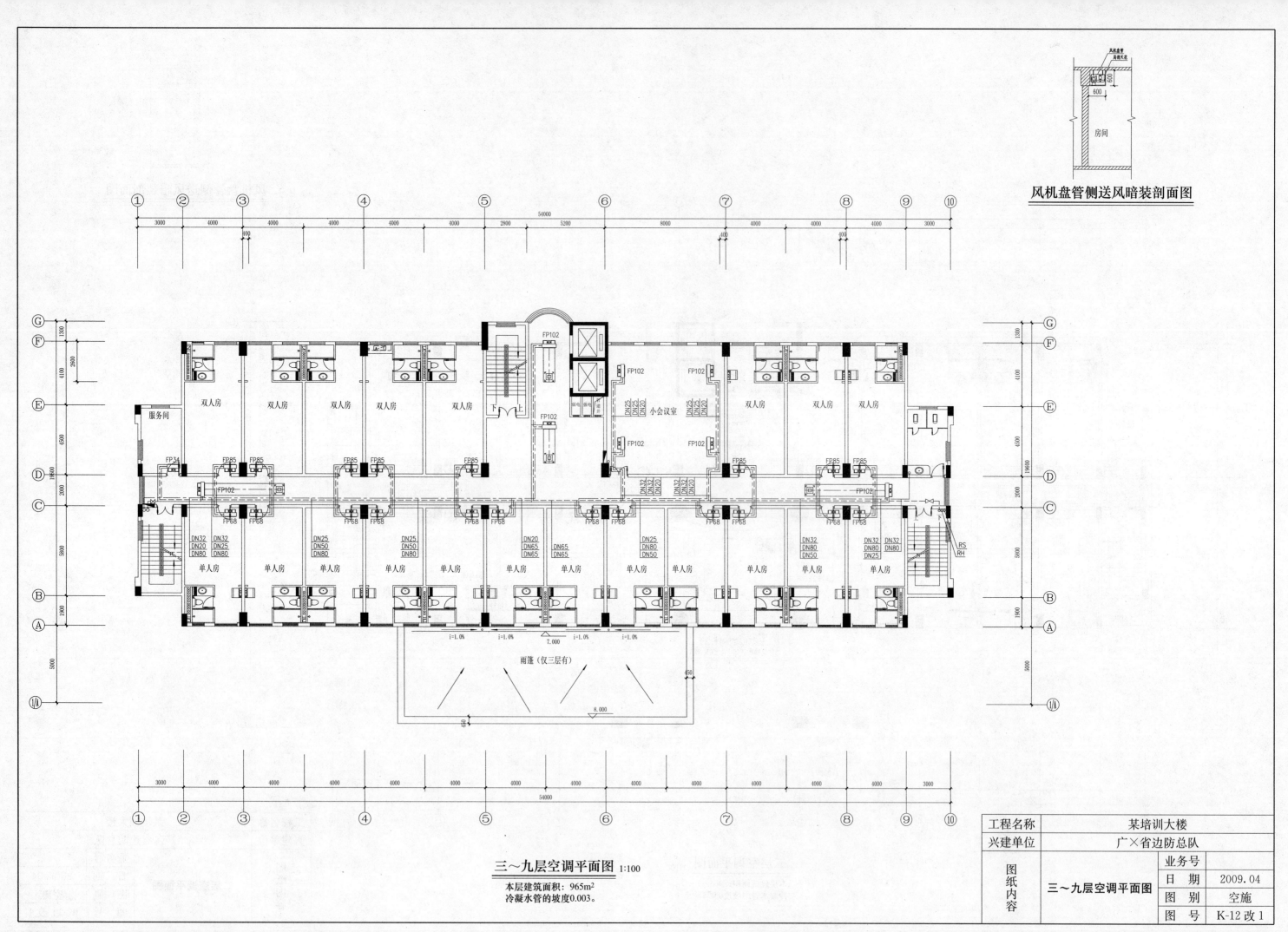

风机盘管侧送风暗装剖面图

三～九层空调平面图 1:100

本层建筑面积：965m²
冷凝水管的坡度0.003。

雨篷（仅三层有）

工程名称	某培训大楼		
兴建单位	广×省边防总队		
图纸内容	三～九层空调平面图	业务号	
		日期	2009.04
		图别	空施
		图号	K-12改1

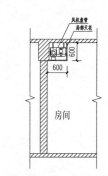

风机盘管侧送风暗装剖面图

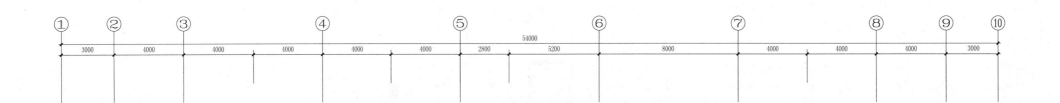

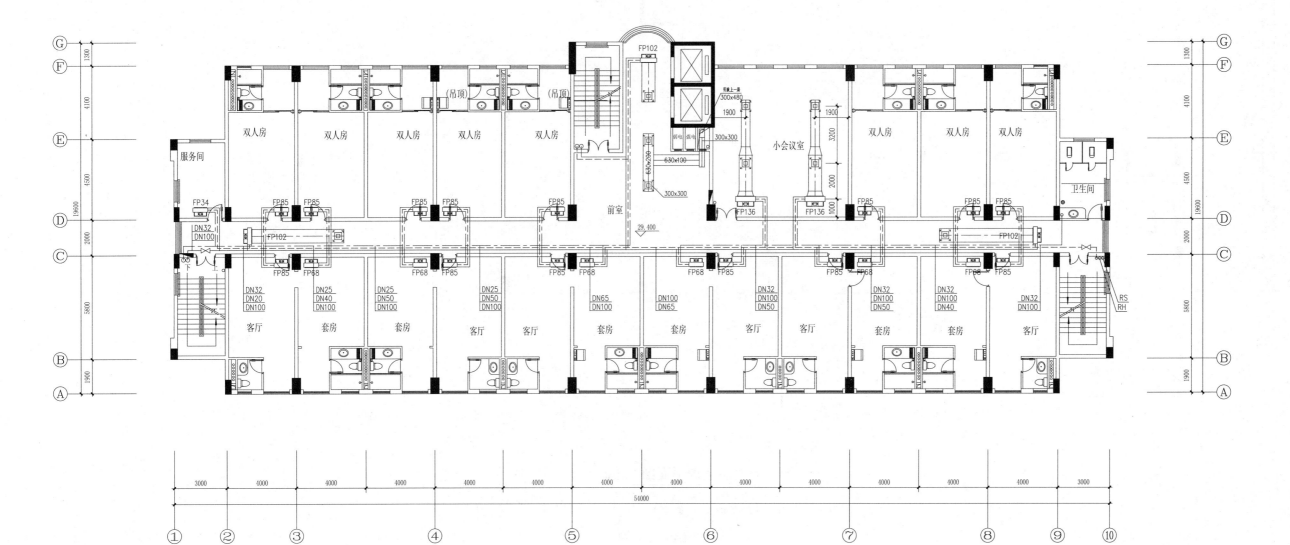

十层空调平面图 1:100

本层建筑面积：965m²
冷凝水管的坡度0.003。

工程名称	某培训大楼		
兴建单位	广×省边防总队		
图纸内容	十层空调平面图	业务号	
		日 期	2009.04
		图 别	空施
		图 号	K-13改1

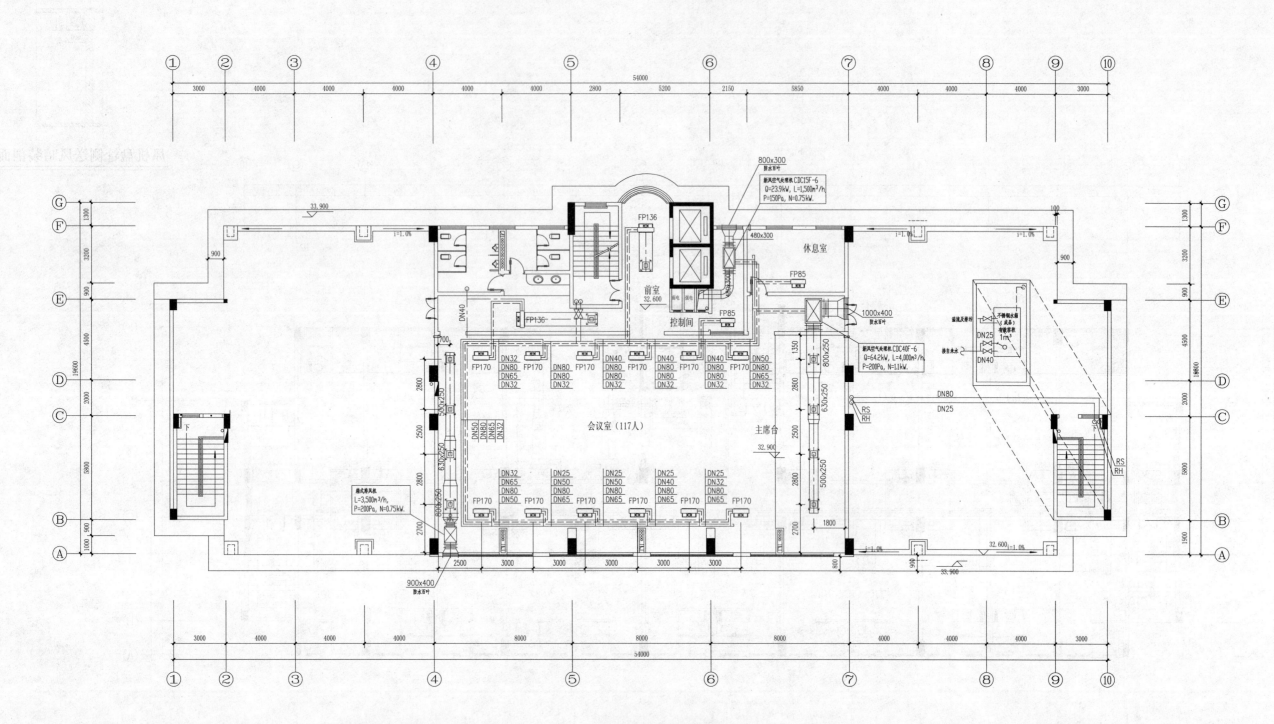

天面层空调平面图 1:100

本层建筑面积：535m²
冷凝水管的坡度0.003。

工程名称	某培训大楼		
兴建单位	广×省边防总队		
图纸内容	天面层空调平面图	业务号	
		日期	2009.03
		图别	空施
		图号	K-14

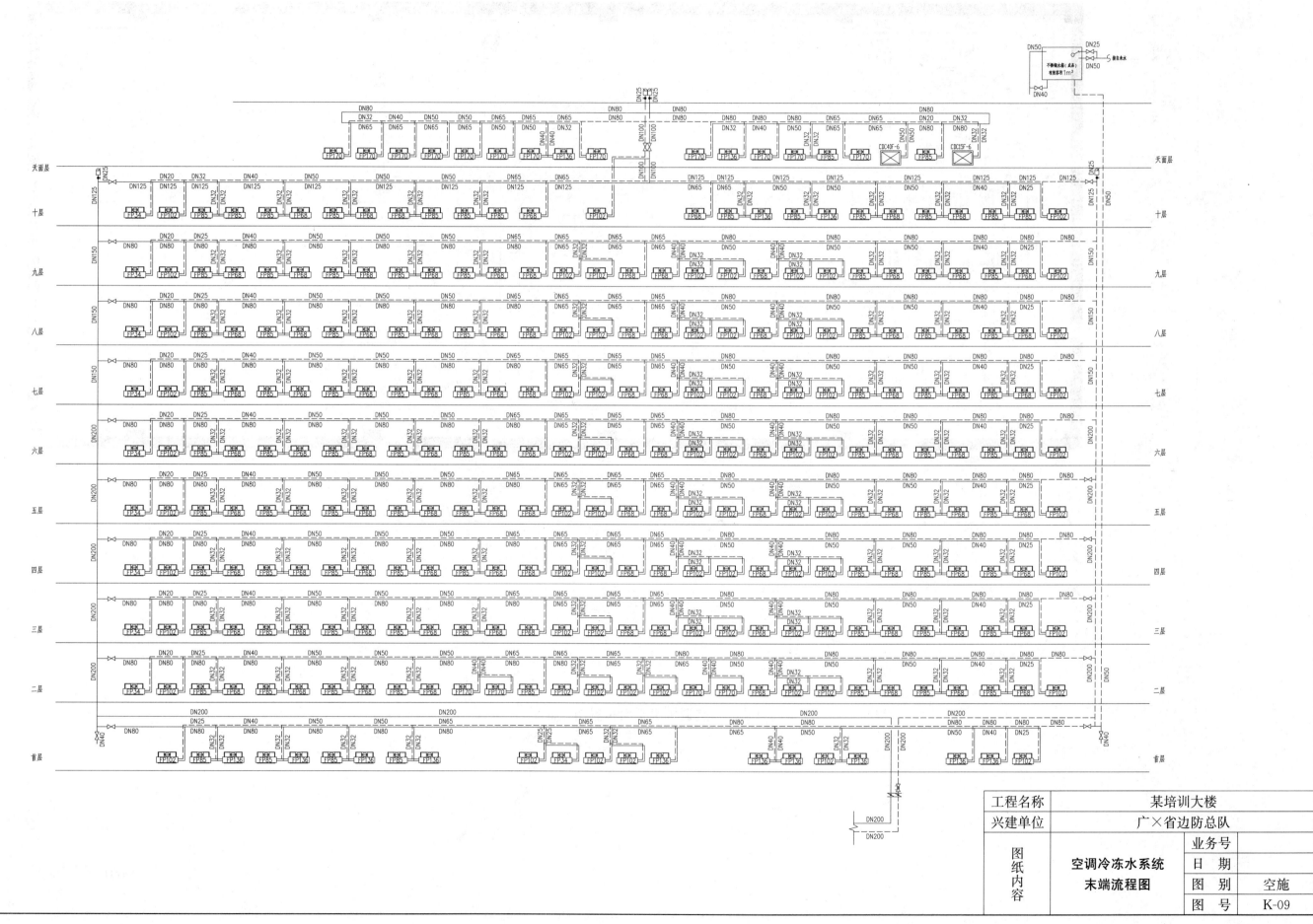

工程名称	某培训大楼		
兴建单位	广×省边防总队		
		业务号	
		日 期	
图纸内容	空调冷冻水系统末端流程图	图 别	空施
		图 号	K-09

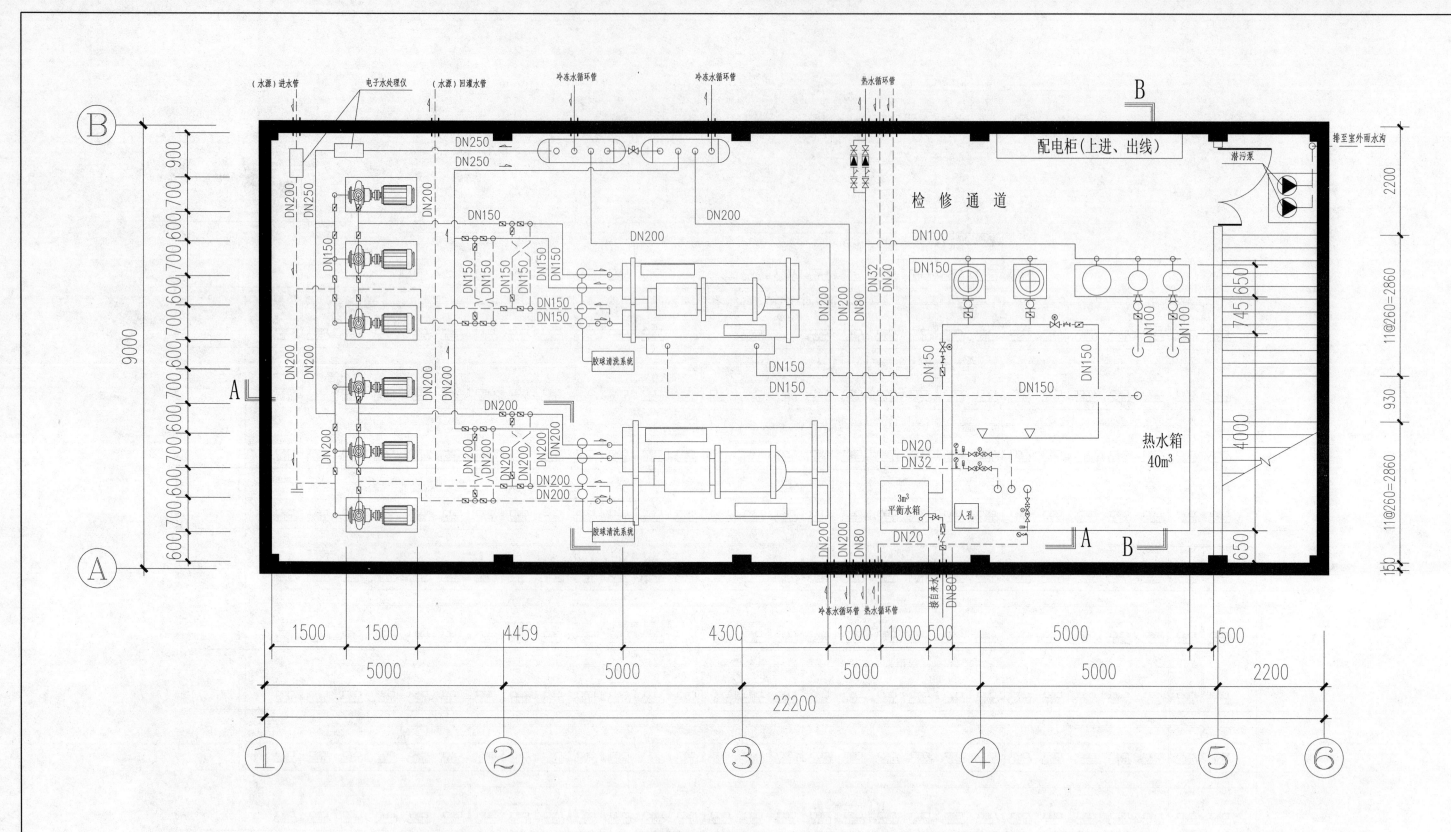

（水源）进水管　电子水处理仪　（水源）回灌水管　冷冻水循环管　冷冻水循环管　热水循环管

B

配电柜(上进、出线)

潜污泵

排至室外雨水沟

DN250

DN250

检修通道

DN200

DN200

DN150

DN200

DN200

DN100

DN150

DN150

DN150

DN150

DN150

DN150

DN150

DN150

DN150

DN32
DN20

DN80

DN200

DN200

胶球清洗系统

DN150

DN150

DN150

DN100

DN100

2200

11@260=2860

745 650

930

4000

热水箱
40m³

DN200

DN200

DN200

DN200

DN200

DN200

DN200

DN200

DN80

3m³
平衡水箱

DN20

DN20

DN32

人孔

胶球清洗系统

A

B

650

11@260=2860

150

A

9000

900 900 600 700 600 700 600 700 600 700 600 600

冷冻水循环管　热水循环管
接自来水
DN80

1500　1500　　4459　　　　4300　　1000 1000 500　　5000　　500

5000　　　　　5000　　　　　5000　　　　　5000　　2200

22200

① ② ③ ④ ⑤ ⑥

空调机房平面布置图 1:50

工程名称	某培训大楼		
兴建单位	广×省边防总队		
图纸内容	空调机房平面布置图	业务号	
		日　期	
		图　别	空施
		图　号	K-05/改1

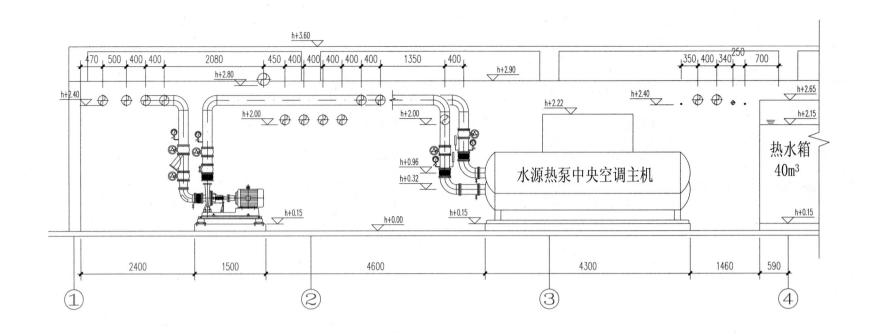

<u>A─A剖面示意图</u> 1:50

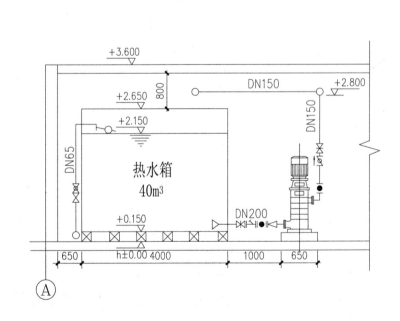

<u>B─B剖面示意图</u> 1:50

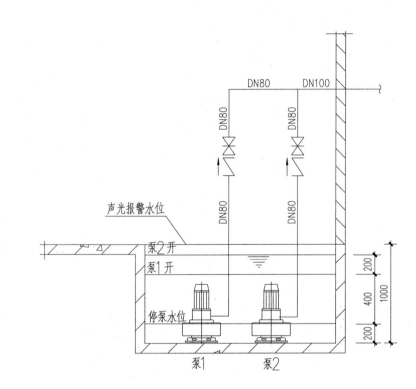

<u>潜污泵安装大样图</u>

主要设备表

序号	名称	型号规格	单位	数量	备注
1	变频生活供水设备 Hydro MPC-F	主泵 CR45-4（一用一备） Q＝45m³/h H＝60m N＝15kW	台	2	带气压罐
		附泵 CR10-9 Q＝11.3m³/h H＝60m N＝3kW	台	1	
2	潜污泵	SE1.50.80.22.2.50D Q＝42m³/h H＝10m N＝2.2kW	台	2	2台/井

说明：

1. 所有水泵安装时应按国家标准图集 SGT9502，SS657 安装减振器。

2. 穿越机房侧壁管道应预埋 A 型刚性防水套管。其混凝土标号同结构底板。

3. 等设备到货校核尺寸后，方可施工泵基础。

工程名称		某培训大楼		
兴建单位		广×省边防总队		
图纸内容	空调机房剖面图 潜污泵安装大样图	业务号		
		日　期		
		图　别		空施
		图　号		K-06

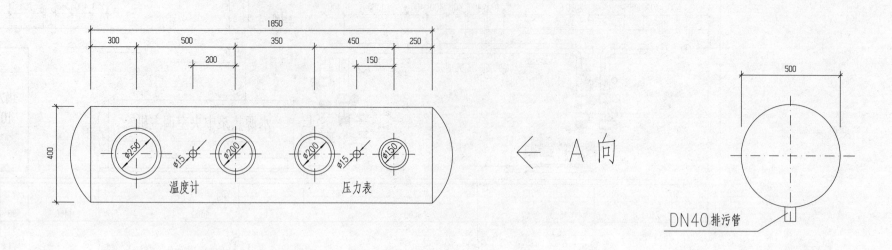

分水器大样图

A向视图

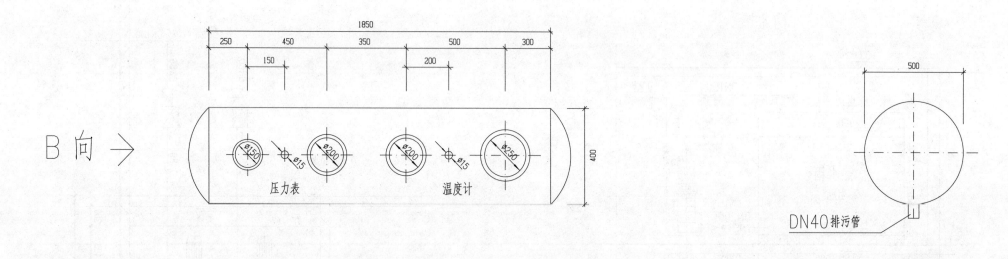

集水器大样图

B向视图

注：1. 集、分水器制造与焊接要求详见"暖通国标图集"92T907。
　　2. 集、分水器设计工作压力为1.0MPa。

工程名称	某培训大楼		
兴建单位	广×省边防总队		
图纸内容	集水器和分水器大样图	业务号	
		日　期	
		图　别	空施
		图　号	K-21

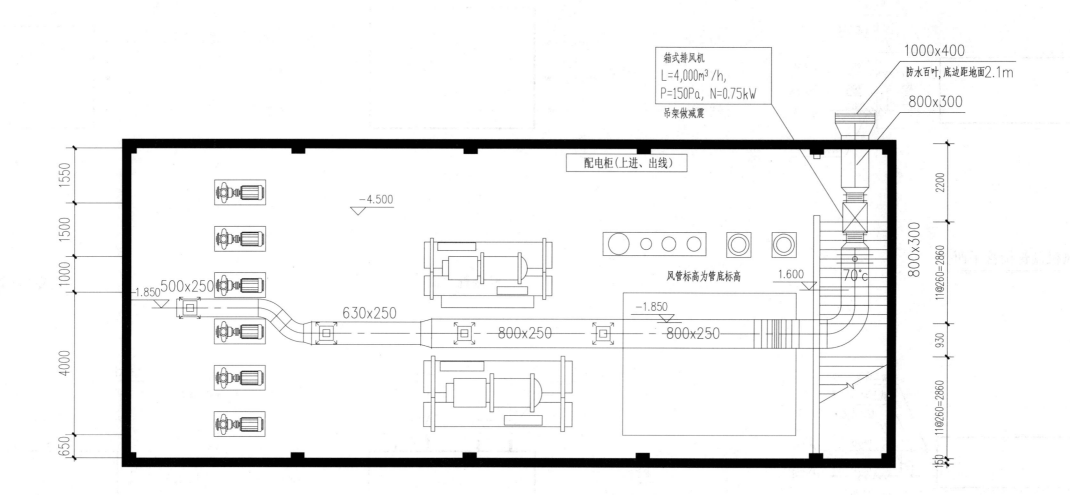

箱式排风机
L=4,000m³/h,
P=150Pa, N=0.75kW
吊架做减震

1000x400
防水百叶,底边距地面2.1m
800x300

配电柜(上进、出线)

−4.500

风管标高为管底标高

1.600

500x250
1.850

630x250

800x250

−1.850

800x250

70℃

800x300

2200

1550

1500

1000

4000

650

11@260=2860

930

11@260=2860

150

空调机房通风平面图 1:100

工程名称	某培训大楼		
兴建单位	广×省边防总队		
图纸内容	空调机房通风平面图	业务号	
		日　期	
	空施	图　别	空施
		图　号	K-07

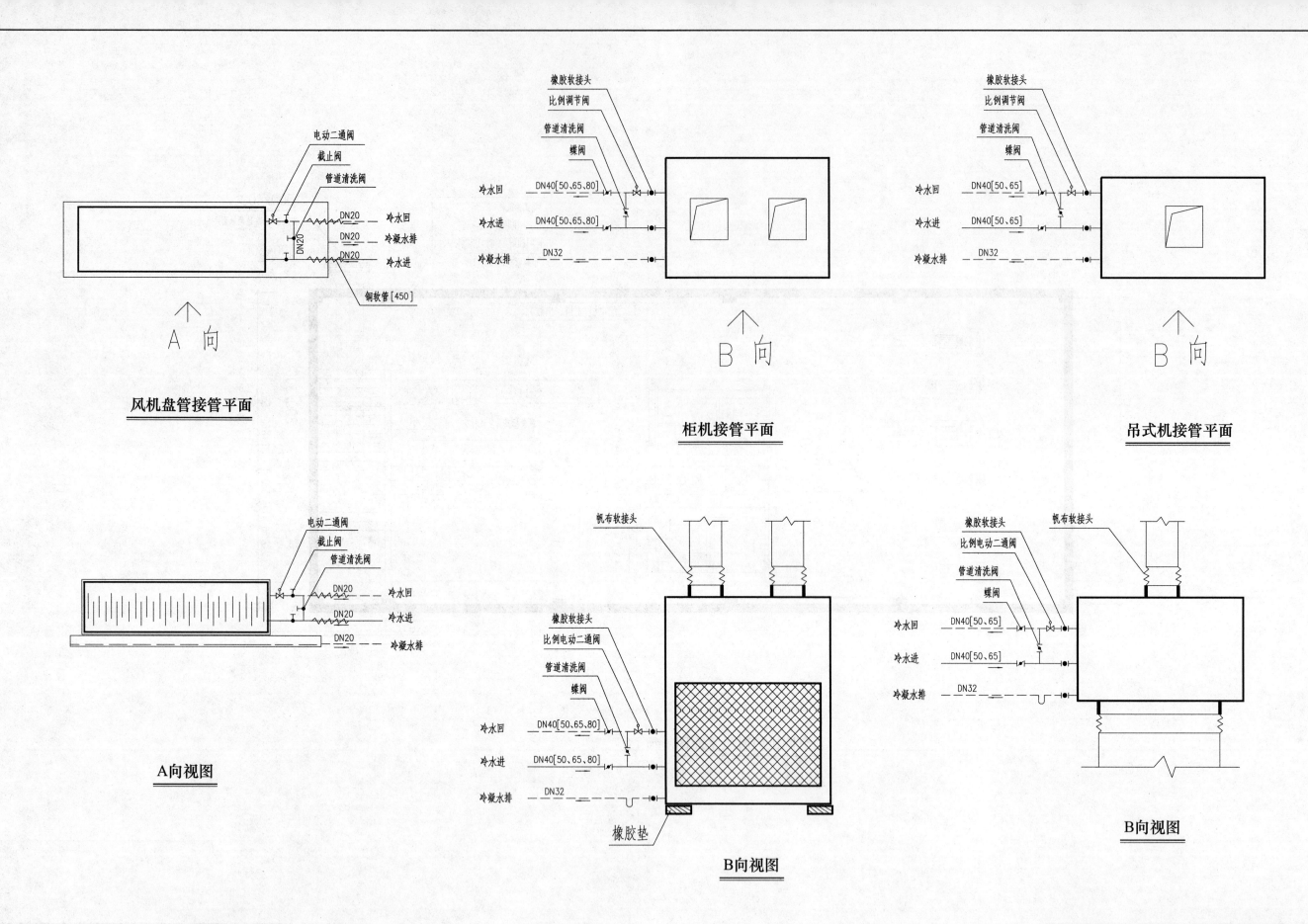

风机盘管接管平面

柜机接管平面

吊式机接管平面

A向视图

B向视图

B向视图

工程名称	某培训大楼		
兴建单位	广×省边防总队		
图纸内容	风机盘管、柜机、吊式机接管平面、大样	业务号	
		日　期	
		图　别	空施
		图　号	K-20

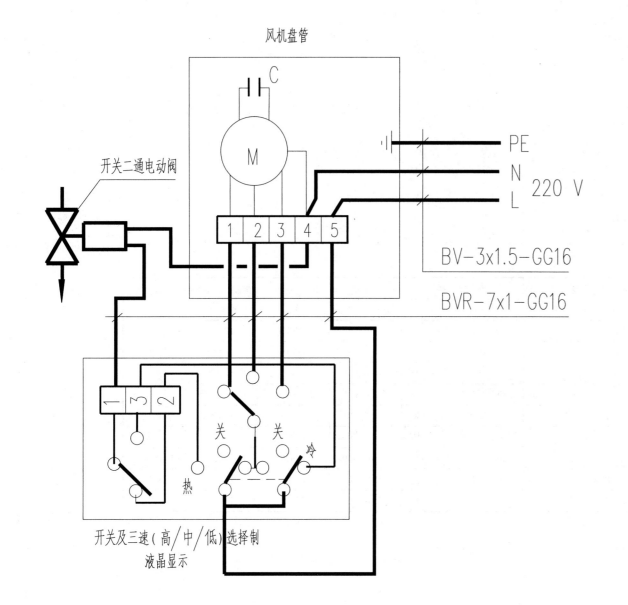

风机盘管外部接线图

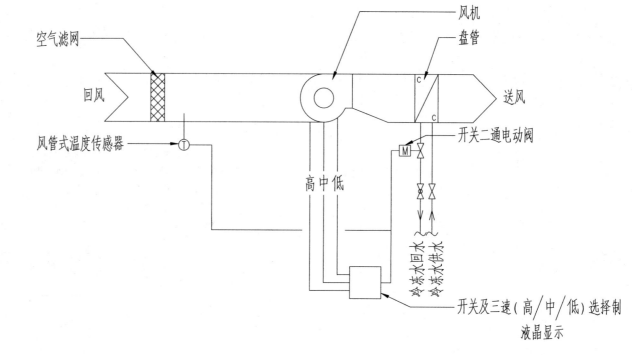

风机盘管控制示意图

注：由于工程进度问题，电气已经进场安装，所以风机盘管控制
线路要利用现在的电线管进行穿管敷设，风机盘管的电源取
至就近房间的配电箱。

工程名称	某培训大楼		
兴建单位	广×省边防总队		
图纸内容	风机盘管外部接线图 风机盘管控制示意图	业务号	
		日 期	
		图 别	电施
		图 号	D-02

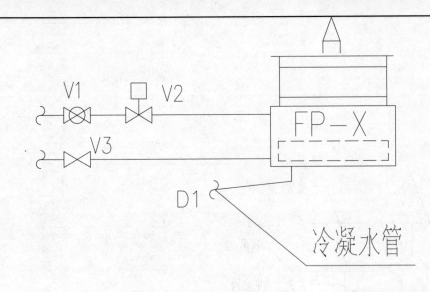

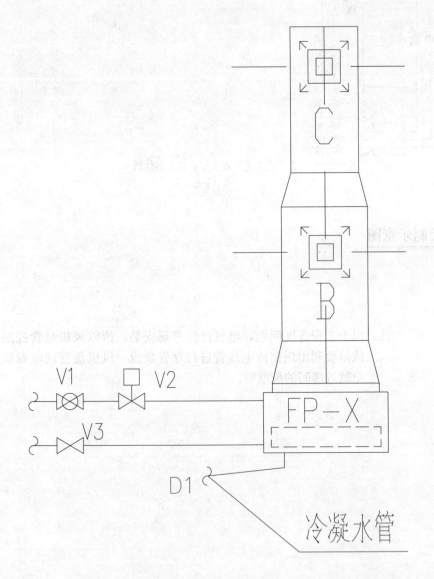

说明
1. 所有新风支管设蝶阀，喉部尺寸同新风支管；
2. 未标注的防火阀喉部尺寸与其所在风管相同；
3. 所有风管风阀，风口尺寸为喉部尺寸；
4. 未标注风机盘管居中位置；
5. 风机盘管接风管风口及阀门尺寸表：

风机型号	侧接风管尺寸 A	接风管尺寸 B	接风管尺寸 C	方形散流器		门铰式单层百叶回风口带滤网	电动二通阀 V2	闸阀，截止阀 V1、V3	冷凝水管 D
				接1个风口	接2个风口				
FP34	540×130	440×150		180×180		400×250	DN15	DN20	DN20
FP51	640×130	540×150		180×180		600×300	DN15	DN20	DN20
FP68	740×130	640×150		240×240		700×300	DN20	DN20	DN20
FP85	840×130	740×150	500×150	240×240	180×180	800×300	DN20	DN20	DN20
FP102	940×130	740×200	500×200	300×300	180×180	900×300	DN25	DN25	DN20
FP136	1240×130	800×200	550×200	360×360	240×240	1200×300	DN25	DN25	DN20
FP170	1340×130	850×200	600×200	420×420	300×300	1300×300	DN25	DN25	DN20
FP204	1440×130	900×200	650×200	420×420	300×300	1400×300	DN32	DN32	DN20
FP238	1640×130	1000×200	750×200	480×480	360×360	1600×300	DN32	DN32	DN20

风机盘管配管详图

工程名称	某培训大楼		
兴建单位	广×省边防总队		
图纸内容	风机盘管配管详图	业务号	
		日 期	
		图 别	空施
		图 号	K-19改1

	比例电动二通阀		方形伸缩节		矩形风管弯头
冷冻水供水管	比例电动二通阀		方形伸缩节		矩形风管弯头
冷冻水回水管	球阀		疏水器		风管圆变方
冷却水供水管	动态流量平衡阀		固定支架（水管）		伞形风帽
冷却水回水管	电动蝶阀		方形散流器		排气罩
冷凝水管	液位浮球阀		圆形散流器		空气过滤器
——Hs—— 热水供水管	减压阀		侧开百叶风口		水泵
——HR—— 热水回水管	旋塞阀		平开百叶风口		离心通风机
——X—— 排污管	手动放气阀	FD 防火阀			轴流通风机
——C—— 蒸汽凝结水管	自动放气阀	FCD 防火调节阀			带百叶式风扇
——Z—— 蒸汽管	安全阀		消防余压阀		天花型排气扇
——S—— 自来水管	气动三通阀		排烟阀		屋面排风机
——m—— 冷却塔平衡管	电动三通阀		前室加压阀	FC 风机盘管
——V—— 溢流管	蒸汽调节阀		风管软接头	AHU 送风风柜
——P—— 膨胀管	水流开关		风管蝶阀	PAU 新风风柜
——F1—— 氟液管	Y型滤污器		风管插板阀		管状式电加热器
——F2—— 氟气管	水管软接头		对开式多叶调节阀		空气加热器
——M—— 低压煤气管	压差控制器		电动对开多叶调节阀		暖气片
水管变径管	压力表		非管道式消声器		活塞式水锤吸纳器
闸阀	温度计		管道式消声器		
截止阀	流量计		带导流片弯头		
蝶阀	蒸汽加湿器		风管止回阀		
止回阀	温感元件		三通调节阀		
双位电动二通阀	视镜		圆形风管弯头		

工程名称	某培训大楼		
兴建单位	广×省边防总队		
图纸内容	空调通风专业图例	业务号	
		日 期	
		图 别	空施
		图 号	K-03

73

图 纸 目 录

序号	图纸名称	图号	规格	备注
1	图纸目录	K-00	A2	
2	空调设计说明	K-01	A2	
3	空调施工说明	K-02	A2	
4	空调多联机系统图	K-03	A2	
5	主要设备材料表	K-04	A2	
6	三层空调平面图　轴流风机布置大样图	K-05	A1	
7	二层空调平面图	K-06	A1	
8	首层空调平面图	K-07	A1	
9	屋顶空调平面图	K-08	A1	

项目名称 ITEM		**某体育馆**	
图纸名称 TITLE		**图纸目录**	
设计阶段 PHASE	施工	日期 DATE	
专业工种 SUBJECT	空调	图号 DWG. NO.	K-00

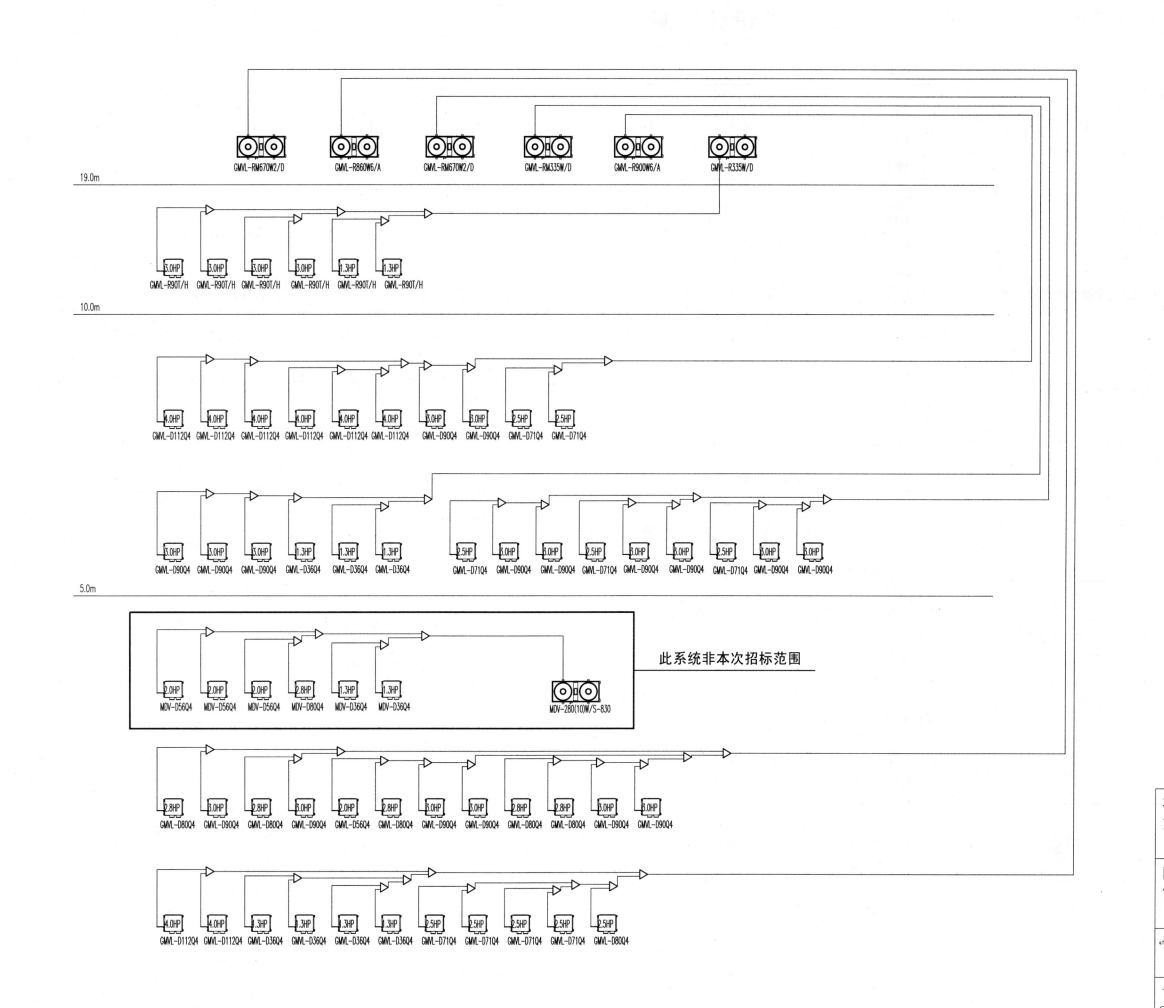

空调多联机系统图

此系统非本次招标范围

项目名称 ITEM		某体育馆	
图纸名称 TITLE		空调多联机系统图	
设计阶段 PHASE	施工	日期 DATE	
专业工种 SUBJECT	空调	图号 DWG. NO.	K-03

空调设计说明

一、概况：

1. 建筑性质：本工程是一座三层综合健身馆。
2. 建筑功能：

   负一层游泳池设备房等；

   首层：入口大厅、舞蹈室、健身房等；

   二层：综合功能室、桌球室、乒乓球室等；

   三层：壁球室、羽毛球场、篮球场等。
3. 建筑面积：4500m²。
4. 设计内容：

   (1) 一层至三层设数码涡旋多联式空调系统＋定频智能多联空调系统。

   (2) 负一层至三层通风系统。

   (3) 一层至三层防排烟系统。

二、主要设计依据：

1. 《采暖通风与空气调节设计规范》GB 50019—2003；
2. 《建筑设计防火规范》GB 50016—2006；
3. 《通风与空调工程施工质量验收规范》GB 50243—2002；
4. 《民用建筑采暖通风设计技术措施》(第二版)；
5. 兴建单位设计任务书；
6. 各专业设计图。

三、设计参数：

1. 室外设计参数：

空调参数 \ 季节	夏季	冬季
空调室外计算干球温度(℃)	33.5	5.0
空调室外计算日平均干球温度(℃)	30.1	2.9
通风室外计算温度(℃)	31.0	13.0
空调室外计算湿球温度(℃)	27.7	
主导风向	SE	N
相对湿度(%)	70	70
平均风速(m/s)	1.8	2.4
大气压力(kPa)	1004.5	1019.5

2. 室内计算参数：

功能	温度(℃) 夏季	相对湿度(%) 夏季	新风量 [m³/(h·p)]
乒乓球室等	26	50~55	25~30
办公室等	25	50~65	30

3. 负荷汇总表：

	空调面积 m²	冷负荷 kW	单位冷负荷 W/m²	热负荷 kW	单位热负荷 W/m²
瑜伽室	140	27	192	8	57
舞蹈室	130	32	250	6	46
办公室	96	14.4	150	4.2	44
健身房	250	60	220	12	48
更衣室	180	32	177	10	55
桌球室	130	27	207	6	46
综合功能室	480	75	156	20	41
vip球室	130	32	246	8	61
乒乓球室	340	62	180	12	35
壁球室	140	36	250	9	64
其他	564	35	62	—	—
汇总	2580	432	167	95	37

四、空调系统

1. 设备特点

本工程的空调系统采用多联式中央空调；

一台室外机可拖多台室内机，采用制冷剂直接蒸发制冷，无需二次冷媒；

能够根据室内机的启停数量变化和房间温度的变化调节系统冷媒流量，实现节能运行；

室外机采用风冷冷凝方式，无需其他附属设备；是一种既节能又环保的空调；

要求机组 COP 值不得小于 2.8。

2. 设备选型

注：下列设备为本工程所有设备汇总，在本次招标范围内设备请参见材料表 (K-04)。

本工程的共选用室外机：

GMVL-R900W6/A	34HP	1台
GMVL-R860W/A	30HP	1台
GMVL-R670W2/D	24HP	2台
GMVL-R335W2/B	14HP	1台
GMVL-R300W2/D	12HP	1台
GMVL-R300W2/D	10HP	1台

室外机放置位置：

招标范围内的所有室外机均放置在屋面。

本工程的共选用室内机：

GMVL-R36T/H	11台
GMVL-R56T/H	4台
GMVL-R71T/H	9台
GMVL-R80T/H	7台
GMVL-R90T/H	17台
GMVL-R112T/H	8台
GMVL-R90P/H	4台

五、空调方式：

室内机均选用四面出风天花机或风管式侧送风机。

六、控制系统

1. 控制设备特点

控制系统采用 S-网络技术，且控制线无极性；

拥有远程控制器、系统控制器、星期控制器等多种可选控制器，搭配使用可实现单机控制、机群控制、主子控制及系统集中控制等多种控制。

2. 控制设备选型

每each室内机均配备一个有线控制器，以方便独立的控制启停和温度设置预留可选系统控制器。

七、通风系统：

各机械排风系统的换气次数：

功能	换气次数(次/h)
备用房	3
浴室	10~15
卫生间	10~15

篮球场(羽毛球场)利用屋顶轴流风机通风，排风量按 9m³/(h·m²) 计算。

八、排烟系统：

大厅以及超过 300m² 的房间防排烟采用自然排烟的方式。

其可开启外窗面积必须满足《建筑设计防火规范》(GB 50016—2014) 中相应规定。

所需可开启外窗面积如下（单位：m²）：

大厅上空	综合功能室	篮球场	乒乓球室
5	12	26	8

九、其他：

该多联式空调设备由专业公司安装。

项目名称 ITEM	某体育馆
图纸名称 TITLE	空调设计说明
设计阶段 PHASE	施工
日期 DATE	
专业工种 SUBJECT	空调
图号 DWG. NO.	K-01

空调施工说明

1. 本工程的安装施工及调试应符合下列规范和标准：

（1）《通风与空调工程施工质量验收规范》GB 50243—2002；

（2）《制冷设备、空气分离设备安装工程施工及验收规范》GB 50274—2010；

（3）《工业金属管道工程施工规范》GB 50235—2010；

（4）《建筑给水排水及采暖工程施工质量验收规范》GB 50242—2002；

（5）《建筑工程施工质量验收统一标准》GB 50300—2001；

（6）设备厂商提供的有关设备安装技术要求。

2. 本工程中所采用的设备产品除应满足图纸设计参数的要求外，还必须具有产品牌号、注册商标、产地、厂名、产品合格证书、安装运行说明书或手册（进口产品应是中文版）。多联式空调系统还需有技术性能测试报告。

3. 防火阀、防火调节阀、保温材料等有关消防产品必须选用经当地公安消防部门批准使用的产品。

4. 风管采用镀锌钢板制作厚度见下表（单位：mm）：

矩形风管大边长或圆形风管直径	镀锌钢板厚度		
	圆形风管	矩形风管	排烟风管
≤320	0.5	0.5	0.8
340～450	0.6	0.6	0.8
480～650	0.8	0.6	0.8
700～1000	0.8	0.8	0.8
1050～1250	1.0	1.0	1.0
1300～2000	1.2	1.0	1.2
≥2100	1.2	1.2	1.2

当风管穿越防火分区或接入竖井时，防火阀与防火墙或竖井之间的风管应采用厚度不小于 1.6mm 的钢板制作。

5. 风管制作采用咬口，当大边长 800mm 以下时，可采用咬口加插条连接。矩形风管大边长或圆形风管直径在 800mm 或以上时，采用角钢法兰连接，风管各接口处（尤其在边角处）均需用密封胶封严，以防漏风导致产生冷凝水。

6. 矩形风管大边长大于 800mm 时，必须扎×形凸形加强筋。

7. 一般风管法兰垫片用 3.5mm 厚的橡胶板。

8. 风管上各种阀门的转轴必须在任何时候都能转动灵活，装在风管上的自重式防火阀，必须在设易熔片一侧的风管上开设检修口，检修口尺寸为 400×400，检修口周边应采取密封设施以防漏风。

9. 冷凝水管采用 UPVC 塑料管粘接连接。

10. 水管、风管吊架，支架用膨胀螺栓与楼板或墙体固定，风管支吊架间距不大于 3m，水管管径在 DN25 或以下时吊架间距为 2m，DN32 为 2.5m，DN40～DN50 为 3m，DN70 或以上为 4m，管道不得以过墙套管作支撑点。

11. 空气处理室内机等设备安装必须保持水平，不得将凝结水水盘的排水口处抬高。连接空气处理机（新风处理机）排水口的冷凝水管应设水封，风机盘管的冷凝水管网在排放（或接入排水管）之前也应设水封，其水封高度均不少于 100mm。

12. 冷凝水管安装时必须保持向排水方向 0.01～0.02 的坡度，冷凝水管网安装完毕后，必须做排水试验。

13. 黑铁管、无缝钢管和螺旋电焊管外表面、法兰表面、镀锌钢管的焊接口处，各种钢板制作的阀门的构件（镀锌钢板除外），风管、水管及各种设备的支架、吊架等均须清除表面的铁锈，刷两道红丹防锈漆，不保温的构件再刷两道灰色调和漆。

14. 冷媒系统试压要求：

冷媒管道系统试压按设备生产厂商提供要求进行。

15. 所有空调风管、冷媒管、冷凝水管、膨胀水箱及安装在有空调楼层中的排风管，进入室内的新风管及所有这些管道上的部件（如阀门等）均需进行严格的保温，风管保温材料采用橡塑复合隔热材料（复合不燃铝箔），用 103 胶水粘贴在风管上；水管保温材料采用难燃 B1 级橡塑复合隔热材料（复合不燃铝箔）套筒，用 102 胶水粘贴在水管上，其接缝处用保温封条，其必须粘贴严密以防结露。所有在施工过程中破损的部位，应及时予以贴补。各种设备原有的保温层不得损坏，否则应及时修补。

所有管道保温前应先作防锈处理，水管必须在系统试压完成并确认合格后方可保温。各种管道设备的保温层厚度见下表：

名称	管径	厚度(mm)	保温材料
冷媒管		36	难燃 B1 级橡塑复合保温材料
冷凝水管		13	难燃 B1 级橡塑复合保温材料

注：冷媒管道系统保温按设备生产厂商提供要求进行。

16. 保温管道在支架处及穿越楼板、墙体处均应套上木环，木环厚度与保温层厚度相同，木环宽度为 50mm，使用前须经热沥青进行浸煮处理。

17. 水管上各种阀门及法兰处的保温层及保护层应能单独拆卸，以便进行维修。

18. 空气处理机、离心风机的进出风口，凡是与风管连接处必须安装帆布底的人造革软接头（排烟风须用非燃材料软接头），长度为 150～200mm。风机盘管与供、回水均采用金属或非金属软管弹性连接。

19. 凡是外露的传动机构，如三角皮带、联轴器等处均应安装安全防护罩，防护罩可按照采暖通风国家标准图集选用。

20. 空气处理机等设备基础，需在设备订货后，核实其基础尺寸，方可施工。

21. 空气处理机等设备的机座底下均需垫防振橡胶。

22. 空调通风系统在安装完工之后，必须对风道内进行安全检查及清扫，不允许管道内及风机和设备内留有杂物垃圾等，以防系统运行时发生意外或故障。

23. 屋顶轴流风机安装于顶层桁架内，接风管至天面。

24. 各种空气处理机、风机等设备在接通电源时要检查其转动方向是否符合设计要求及设备所标方向。

25. 系统完工后必须进行检测及调试：

（1）测定各空气处理机、风机的风量，调整各风口的风量使其送风均匀。

（2）调整各温度控制器的设定值。

项目名称 ITEM		某体育馆
图纸名称 TITLE		空调施工说明
设计阶段 PHASE	施工	日期 DATE
专业工种 SUBJECT	空调	图号 DWG. NO.	K-02

主要设备材料表

编号	设备名称		型号规格			单位	数量	备 注
1	EAF-1-1	离心排风机	L=5500CMH	H=200Pa	N=1.5kW	台	1	非本次招标范围
2	EAF-1-2	离心排风机	L=2400CMH	H=150Pa	N=0.55kW	台	1	非本次招标范围
3	EAF-1-3	离心排风机	L=1200CMH	H=200Pa	N=0.55kW	台	1	
4	EAF-1-4	离心排风机	L=1000CMH	H=120Pa	N=0.55kW	台	1	
5	EAF-2-1	离心排风机	L=500CMH	H=100Pa	N=0.37kW	台	1	
6	EAF-2-2	离心排风机	L=1000CMH	H=200Pa	N=0.55kW	台	1	
7	EAF-2-3	离心排风机	L=1200CMH	H=150Pa	N=0.55kW	台	1	
8	EAF-3-1	离心排风机	L=400CMH	H=100Pa	N=0.37kW	台	1	
9	EAF-1	天花式排气扇	L=500CMH	H=80Pa	N=0.1kW	台	24	其中4台非本次招标范围
10	EAF-2	天花式排气扇	L=700CMH	H=100Pa	N=0.2kW	台	10	非本次招标范围
11	EAF-3	窗式排气扇	L=800CMH	H=100Pa	N=0.2kW	台	2	
12	EAF-4	轴流式排风机	L=1650CMH	H=62Pa	N=0.08kW	台	6	
13	GMVL-960(34)W/S-830	数码涡旋室外机	Q=96kW	N=32.0kW		台	1	
14	GMVL-850(30)W/S-830	数码涡旋室外机	Q=85kW	N=28.4kW		台	1	
15	GMVL680(24)W/S-830	数码涡旋室外机	Q=68kW	N=22.7kW		台	2	
16	GMVL400(14)W/S-830	数码涡旋室外机	Q=40kW	N=13.4kW		台	1	
17	QMVL-335(12)W/S-830	数码涡旋室外机	Q=33.5kW	N=11.2kW		台	1	
18	GMVL-280(10)W/S-830	数码涡旋室外机	Q=28kW	N=9.3kW		台	1	非本次招标范围
19	GMVL-D112Q4	天花式多联室内机	Q=11.2kW	L=1800CMH	N=0.13kW	台	8	
20	GMVL-D90Q4	天花式多联室内机	Q=9.0kW	L=1800CMH	N=0.13kW	台	17	
21	GMVL-D80Q4	天花式多联室内机	Q=8.0kW	L=1140CMH	N=0.10kW	台	7	其中1台非本次招标范围
22	GMVL-D71Q4	天花式多联室内机	Q=7.1kW	L=1140CHM	N=0.10kW	台	9	
23	GMVL-D56Q4	天花式多联室内机	Q=5.6kW	L=1020CMH	N=0.08kW	台	4	其中3台非本次招标范围
24	GMVL-D36Q4	天花式多联室内机	Q=3.6kW	L=870CMH	N=0.08kW	台	11	其中2台非本次招标范围
25	GMVL-D90T2	风管式多联室内机	Q=9.0kW	L=2000CMH	N=0.17kW	台	4	

说明：此材料表为本工程所有主要设备汇总表，由于首层部分平面已经外包，因而此部分设备不属于招标范围，在备注中已注明。

项目名称 ITEM		某体育馆	
图纸名称 TITLE		主要设备材料表	
设计阶段 PHASE	施工	日期 DATE	
专业工种 SUBJECT	空调	图号 DWG. NO.	K-04

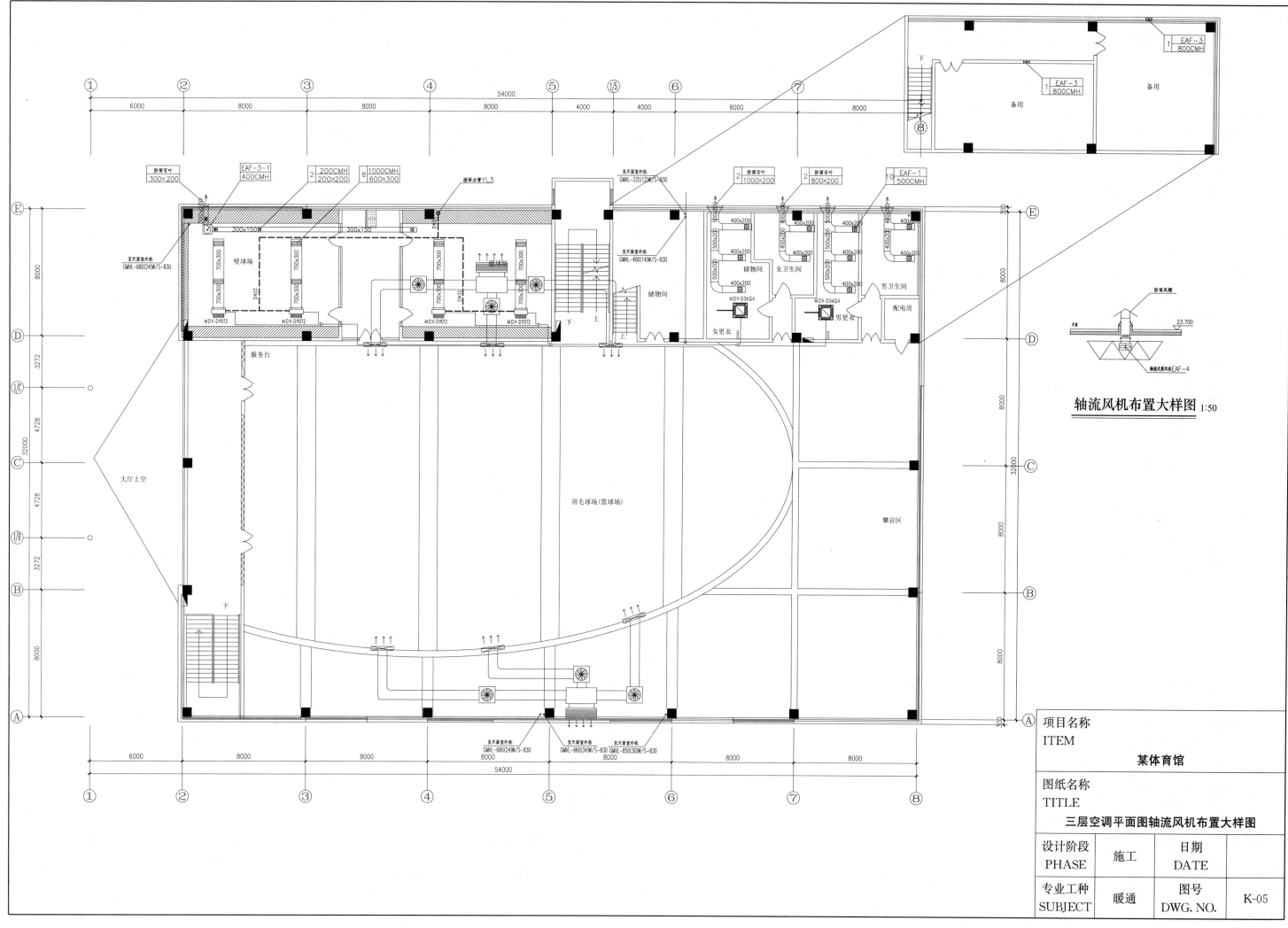

轴流风机布置大样图 1:50

项目名称 ITEM		
某体育馆		
图纸名称 TITLE		
三层空调平面图轴流风机布置大样图		
设计阶段 PHASE	施工	日期 DATE
专业工种 SUBJECT	暖通	图号 DWG. NO.	K-05

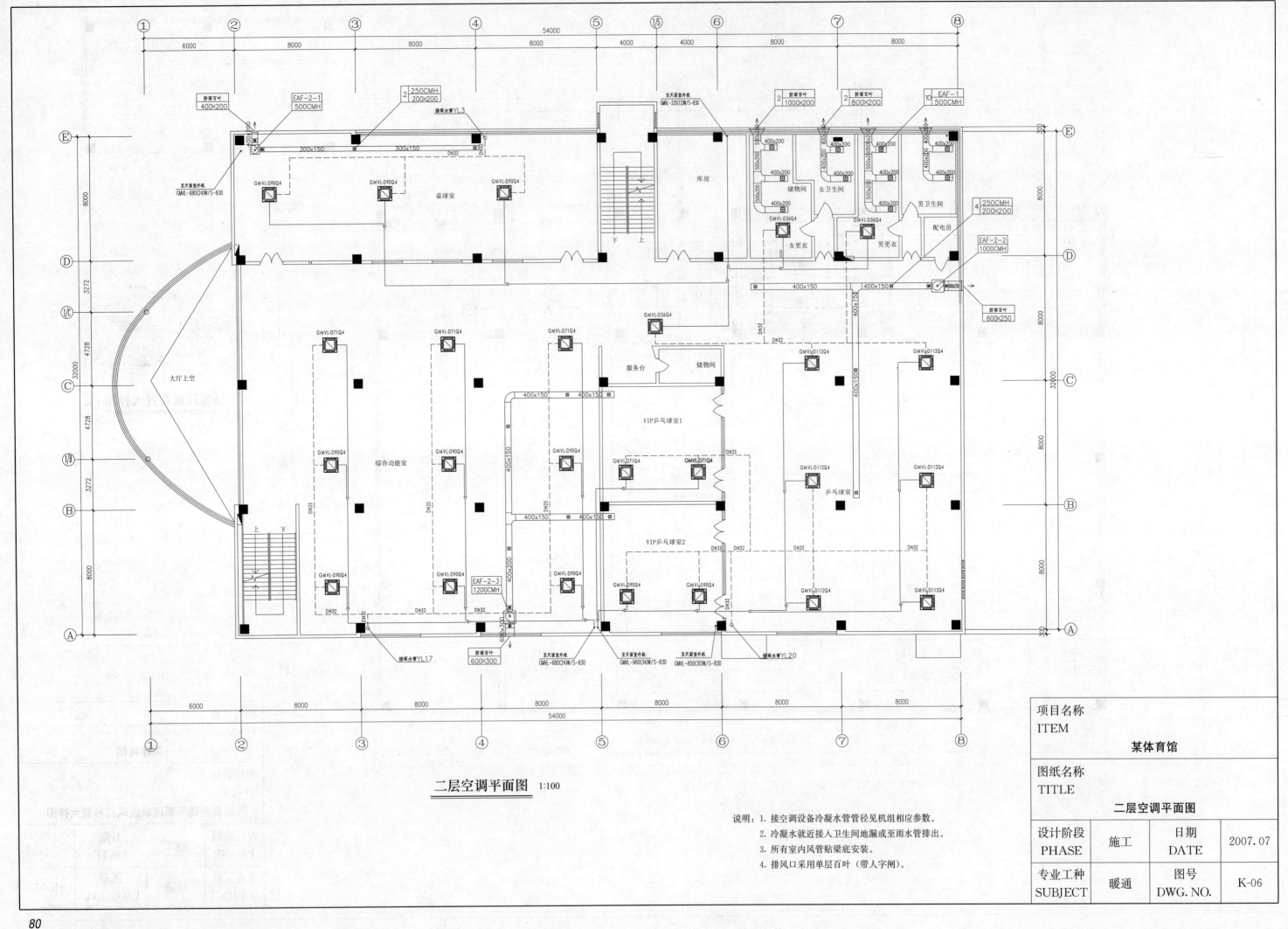

二层空调平面图 1:100

说明：1. 接空调设备冷凝水管管径见机组相应参数。
2. 冷凝水就近接入卫生间地漏或至雨水管排出。
3. 所有室内风管贴梁底安装。
4. 排风口采用单层百叶（带人字闸）。

项目名称 ITEM	某体育馆	
图纸名称 TITLE	二层空调平面图	
设计阶段 PHASE	施工	日期 DATE	2007.07
专业工种 SUBJECT	暖通	图号 DWG. NO.	K-06

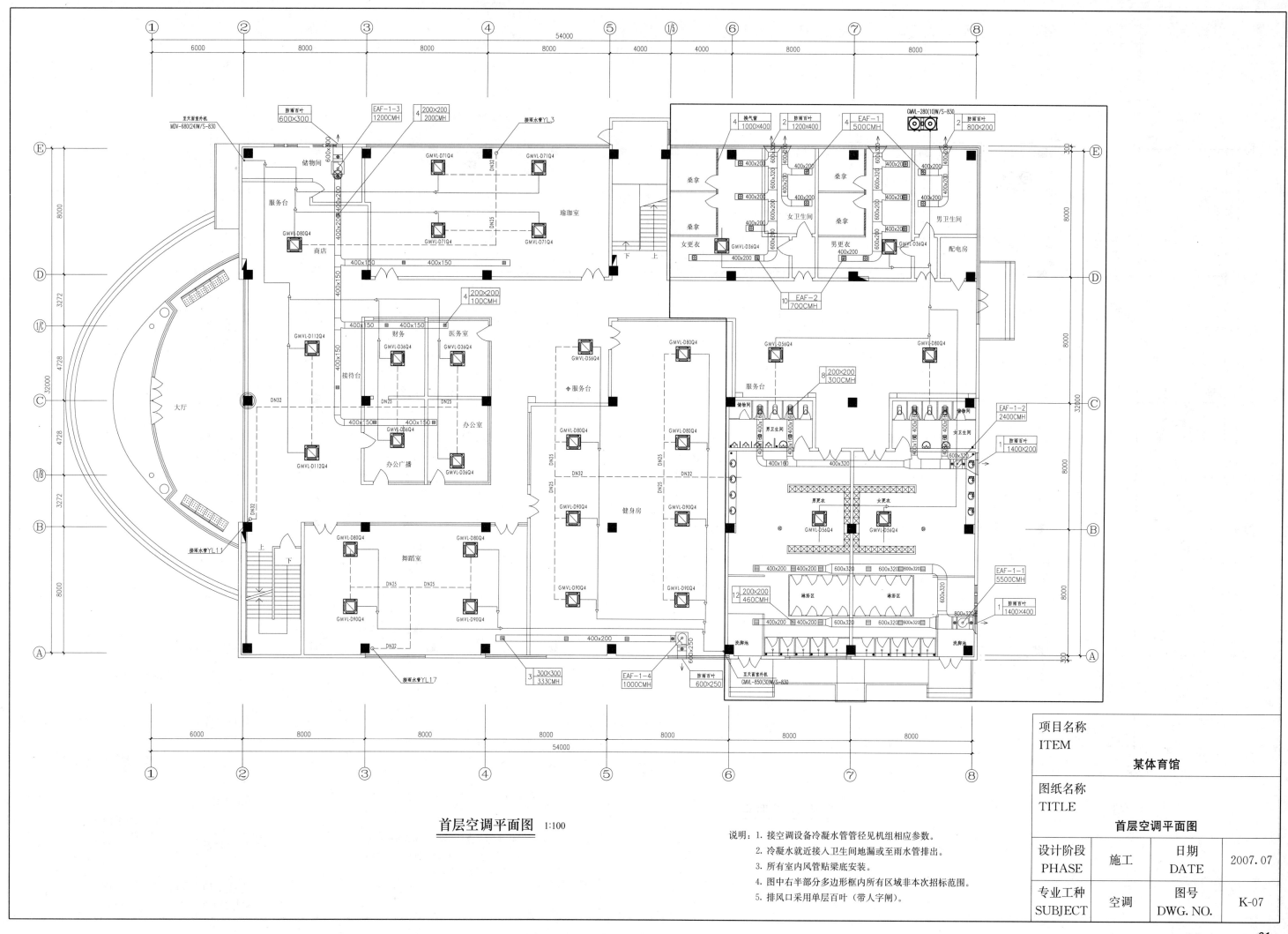

首层空调平面图 1:100

说明：1. 接空调设备冷凝水管管径见机组相应参数。
2. 冷凝水就近接入卫生间地漏或至雨水管排出。
3. 所有室内风管贴梁底安装。
4. 图中右半部分多边形框内所有区域非本次招标范围。
5. 排风口采用单层百叶（带人字闸）。

项目名称 ITEM		某体育馆	
图纸名称 TITLE		首层空调平面图	
设计阶段 PHASE	施工	日期 DATE	2007.07
专业工种 SUBJECT	空调	图号 DWG. NO.	K-07

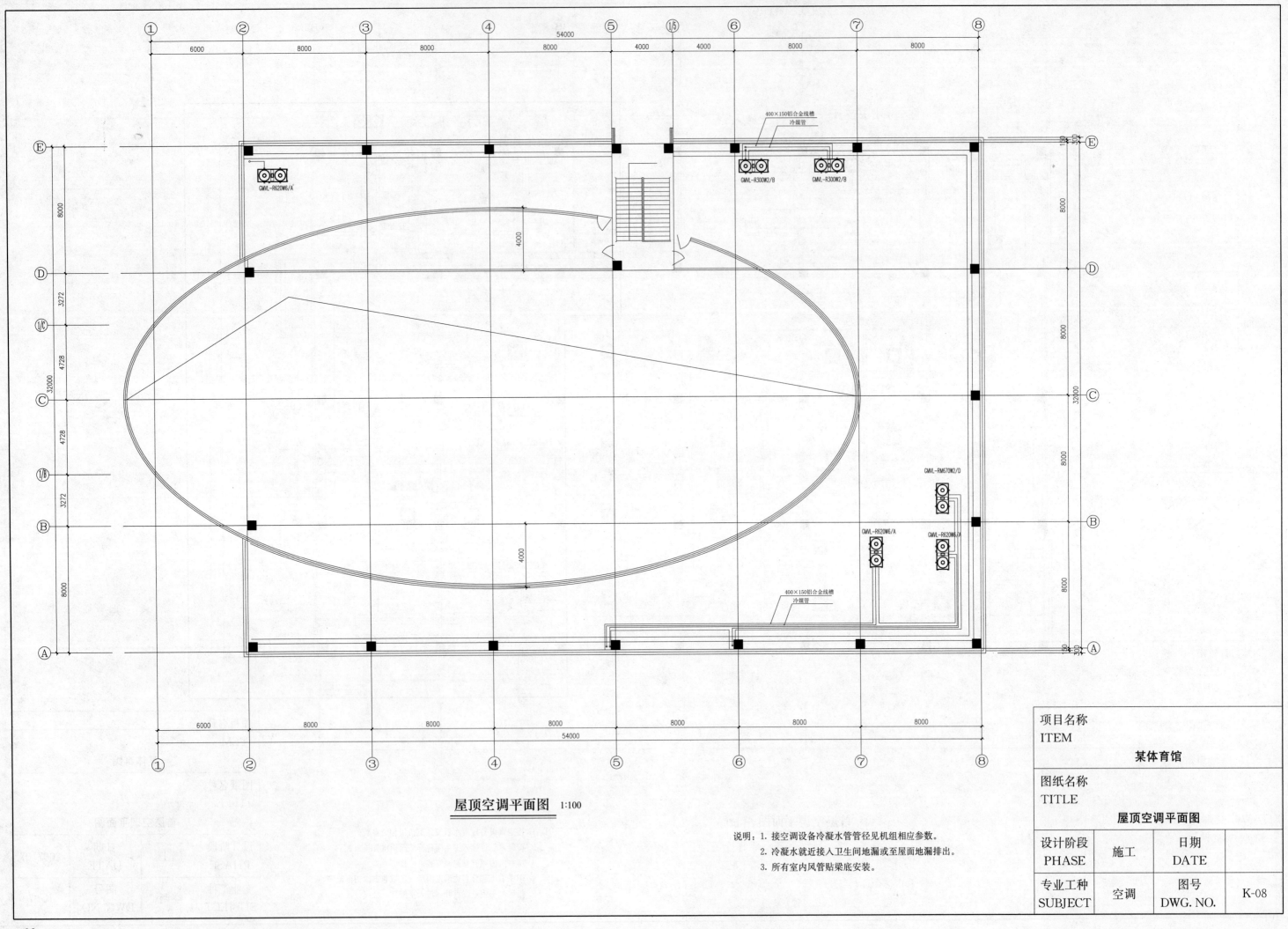

屋顶空调平面图 1:100

说明：1. 接空调设备冷凝水管管径见机组相应参数。
　　　2. 冷凝水就近接入卫生间地漏或至屋面地漏排出。
　　　3. 所有室内风管贴梁底安装。

项目名称 ITEM	某体育馆		
图纸名称 TITLE	屋顶空调平面图		
设计阶段 PHASE	施工	日期 DATE	
专业工种 SUBJECT	空调	图号 DWG. NO.	K-08

设计与施工说明

A. 设计说明

一、工程概况

本工程位于兰州市，地下一层至五层，为大型商场，空调面积约 55000m²，按建设单位要求，全楼设夏季舒适性中央空调和冬季采暖系统。

二、设计依据：

1.《采暖通风与空气调节设计规范》GB 50019—2003；
2.《高层民用建筑设计防火规范》GB 50045—1995（2005 年版）；
3.《公共建筑节能设计标准》GB 50189—2005；
4.《制冷设备、空气分离设备安装工程施工及验收规范》GB 50274—1998；
5.《通风与空调工程施工质量验收规范》GB 50243—2002；
6.《压缩机、风机、泵安装工程施工及验收规范》GB 50275—1998。

三、设计范围

1. 地下一层至五层空调通风系统；
2. 地下一层至五层消防排烟系统。

四、设计计算参数：兰州

1. 夏季空调设计室外计算干球温度 35.0℃，湿球温度 20.2℃，夏季通风室外计算温度 26℃。室外大气压力 84.31kPa，室外风速 1.3m/s。

2. 冬季空调设计室外计算干球温度 -13℃，采暖温度 -11℃，通风室外计算温度 -7℃。室外大气压力 85.14kPa，室外风速 0.5m/s。

3. 室内设计参数如下：

	温度（℃）	湿度（%）	新风量[m³/(h·p)]	噪声控制值[dB(A)]
夏季	25~27	55~65	20	<50
冬季	18	50~60	20	<50

五、设计技术措施：

1. 为了不占用商场宝贵使用面积，空调设备采用吊顶式空气处理机加低速风管送风的方式，将处理后的空气送至每个空间。每台吊顶风柜安装消声回风箱，回风箱下安装带滤网的回风百叶。

2. 为了节能，新风和排风采用具有热回收功能的新风换气机组。室外新风经过滤和一定的降温后再送至吊顶风柜处理，均匀送入室内每一处。

3. 空调冷冻水系统按异程式布置。管道最高处设自动排气阀，最低处设放空阀。

4. 空调水系统管道管径大于 DN125 的采用无缝钢管，管径小于或等于 DN125 的采用热镀锌钢管。

5. 水管保温材料采用难燃 B1 级橡塑套管。

6. 空调送风管道采用镀锌钢板制作，保温材料采用难燃 B1 级橡塑板材，厚度为 15mm。

7. 消防排烟系统按防火分区设置，每个防火分区设若干个防烟分区，防火分区面积不超过 300m²。

8. 排烟风机的排烟量按最大防烟分区每平方米不小于 120m³/h 计算。

9. 每个防烟分区设一个排烟口，排烟支管上设 280℃能自动关闭的排烟防火阀，该防火阀为常开。

10. 排烟风机采用高温消防排烟轴流风机，在机房入口处设 280℃关闭的防火阀。当此排烟防火阀关闭时，该排烟风机关闭。

11. 卫生间排风和楼梯间前室加压送风及中庭排烟按原设计。

B. 施工说明

一、总则：

1. 施工前必须进行图纸会审和技术交底。

2. 施工必须按设计图纸要求进行，如需修改须征得设计人员同意，并按修改的图纸进行。

3. 施工安装应与建筑结构、给水排水、电气等其他专业密切配合，如有冲突，协调解决。

4. 施工必须遵守如下规范和标准：
(1)《制冷设备、空气分离设备安装工程施工及验收规范》GB 50274—1998；
(2)《通风与空调工程施工质量验收规范》GB 50243—2002；
(3)《压缩机、风机、泵安装工程施工及验收规范》GB 50275—1998。

二、设备安装

1. 所有设备技术参数须符合设计图纸要求并应有产品合格证，安装调试应按厂家资料要求进行。

2. 防排烟风机、防火阀、防排烟风口等必须选用经当地公安消防部门认可的产品。

3. 冷水机组、水泵、冷却塔、空调机须核对到货设备及其基础是否与设计相符，确认无误方可施工。

4. 设备原有的保温层不得损坏，否则要按原形修补好。

5. 吊装的风机盘管四个支点要保持相对的水平和垂直，进出水管上的阀门应装在滴水盘上方，暗装风机盘管下的天花需留有检修口，以方便检修，检修口位于阀门侧，尺寸不小于 500×500。

6. 空气处理机、风机盘管的安装应保证排水坡度正确，使凝结水排水畅通。座地式空调机要有平整的基础，高度 200~250mm，座地式空调机与基础间垫 20mm 厚橡胶减振垫。

7. 冷水机组、水泵、空调机水管上的阀门压力表温度计等应装在便于观察和调节的位置。

三、水系统管道安装

1. 当水系统管道管径小于或等于 DN125 时采用热镀锌钢管，当管径大于 DN125 时采用无缝钢管。

2. 管道与设备和阀门的连接采用法兰连接或螺纹连接，无缝钢管采用焊接，镀锌钢管采用螺纹连接或焊接。

3. 安装之前，管道内外除锈清洗干净。水平敷设的凝结水管应有千分之八的坡度坡向排水位置。冷冻管最高处装自动排气阀，最低处装泄水阀。

4. 管道支吊架的制作和安装参见给水排水标准图集管道支吊架图，位置由施工单位确定，一般布置在钢筋混凝土梁上，支吊架除锈后刷防锈漆一道，灰油漆两道。管道支吊架间距不大于下表规定：

管道公称直径 DN(mm)		≤25	32~50	65~80	100~125	130~200	>225
支吊架间距(m)	保温	2	3	4	5	6	7
	不保温	3	4.5	5	7	8	9

5. 保温管道与支吊架之间垫以经防腐处理的木套，其厚度与保温层相同，支吊架须保证牢固可靠。

6. 管道安装完毕，进行分段冲洗，冲洗干净后进行水压试验，试压合格后对保温管道进行保温。

7. 冲洗时用水不得流经设备。本工程试压压力 1.0MPa，10min 内压力降不大于 0.02MPa 无渗漏为合格。

8. 冷冻水给回水。凝结水排水管须保温，保温材料采用难燃 B1 级橡塑保温套管或板材，与管道间用粘结剂粘结，保温套管接缝应错开，接缝处须压紧密实，保温材料与管道之间不准有空隙。

四、通风管道安装

1. 通风管道采用镀锌钢板制作，厚度和法兰角钢规格如下：

风管大边尺寸（mm）	空调通风（mm）	消防排烟（mm）	连接方式	法兰角钢规格（mm）	螺栓规格（mm）
b≤320	0.5	0.75	插接		
320<b≤450	0.6	0.75	插接		
450<b≤630	0.6	0.75	法兰	∟25×3	M6
630<b≤1000	0.75	1.0	法兰	∟30×3	M8
1000<b≤1250	1.0	1.0	法兰	∟30×3	M8
1250<b≤2000	1.0	1.2	法兰	∟40×4	M8
2000<b≤4000	1.2	1.2	法兰	∟50×5	M10

2. 保温风管大边尺寸大于或等于 800mm、不保温风管大边尺寸大于或等于 630mm、长度大于或等于 1200mm 的风管设加固框。

3. 法兰在铆固前须除锈并刷防漆一道，铆固后刷灰油漆两道。

4. 风机盘管与送风管送回风口的连接须严密，防止漏风于吊顶内。

5. 通风管道与墙或楼板连接，应预做木框，法兰加垫连接，应保证严密牢固。

6. 风管支吊架的制作和安装参见国家标准图。管道支吊架具体位置由施工单位确定。

支吊架须除锈后刷防锈漆一道，灰油漆两道。支吊架应在保温层之外。支吊架间距：保温风管不超过 3m，非保温风管不超过 4m，消声器、防火阀、排烟风量调节阀等单独安装牢固的支吊架。

7. 管道穿混凝土墙或楼板处在土建施工时应预留好孔洞或预埋管。

8. 管道安装完毕，所有穿墙穿楼板的孔洞用玻璃棉或岩棉填实，再用水泥砂浆填实，穿越屋面的管道须做好防漏措施。

工程名称	某商场	设计号	
		日期	
图名	设计与施工说明	图别	空施
		图号	K-01

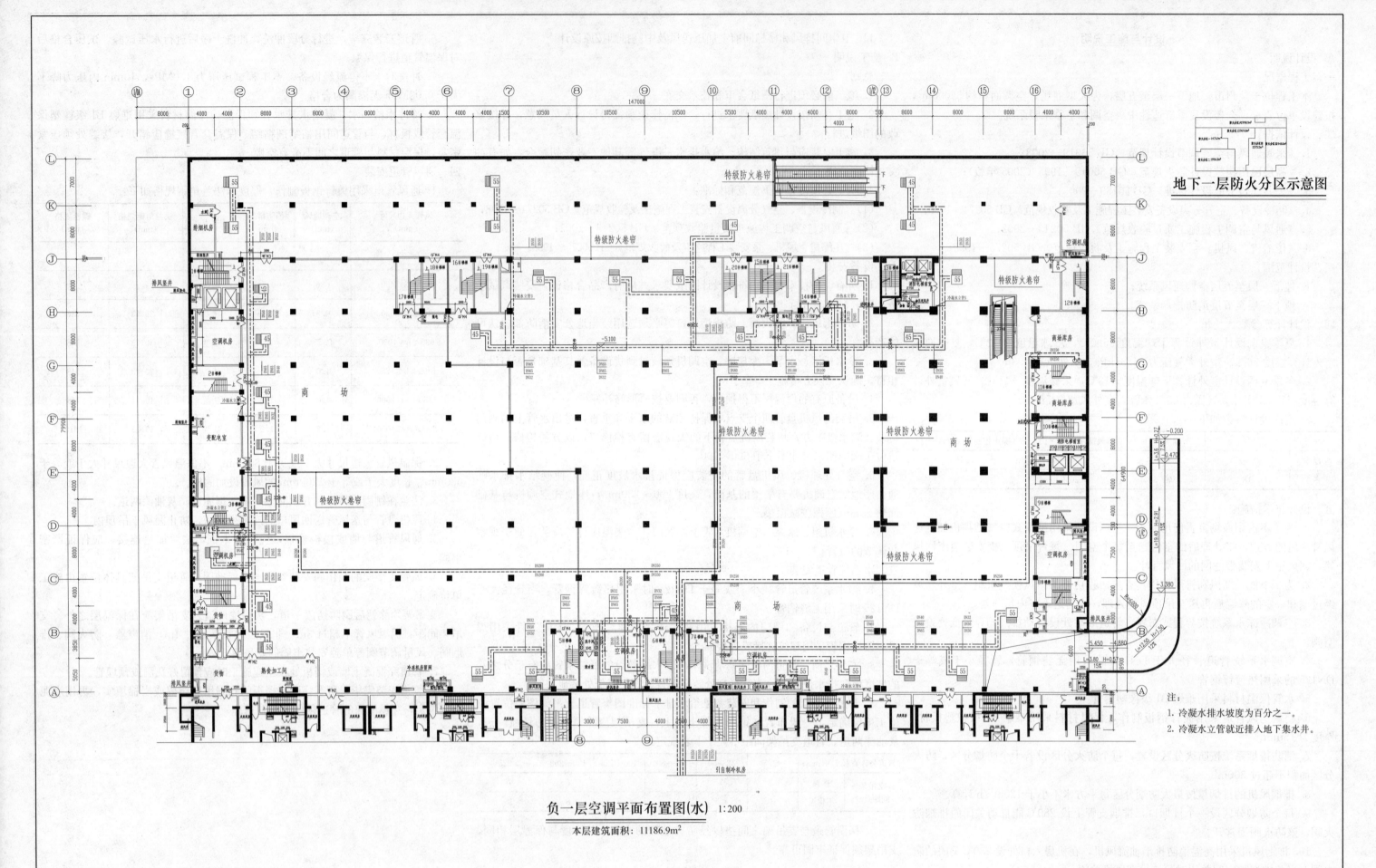

地下一层防火分区示意图

负一层空调平面布置图(水) 1:200

本层建筑面积：11186.9m²

注：
1. 冷凝水排水坡度为百分之一。
2. 冷凝水立管就近排入地下集水井。

工程名称	某商场	设计号	
		日期	
图名	负一层空调平面布置图（水）	图别	空施
		图号	K-07

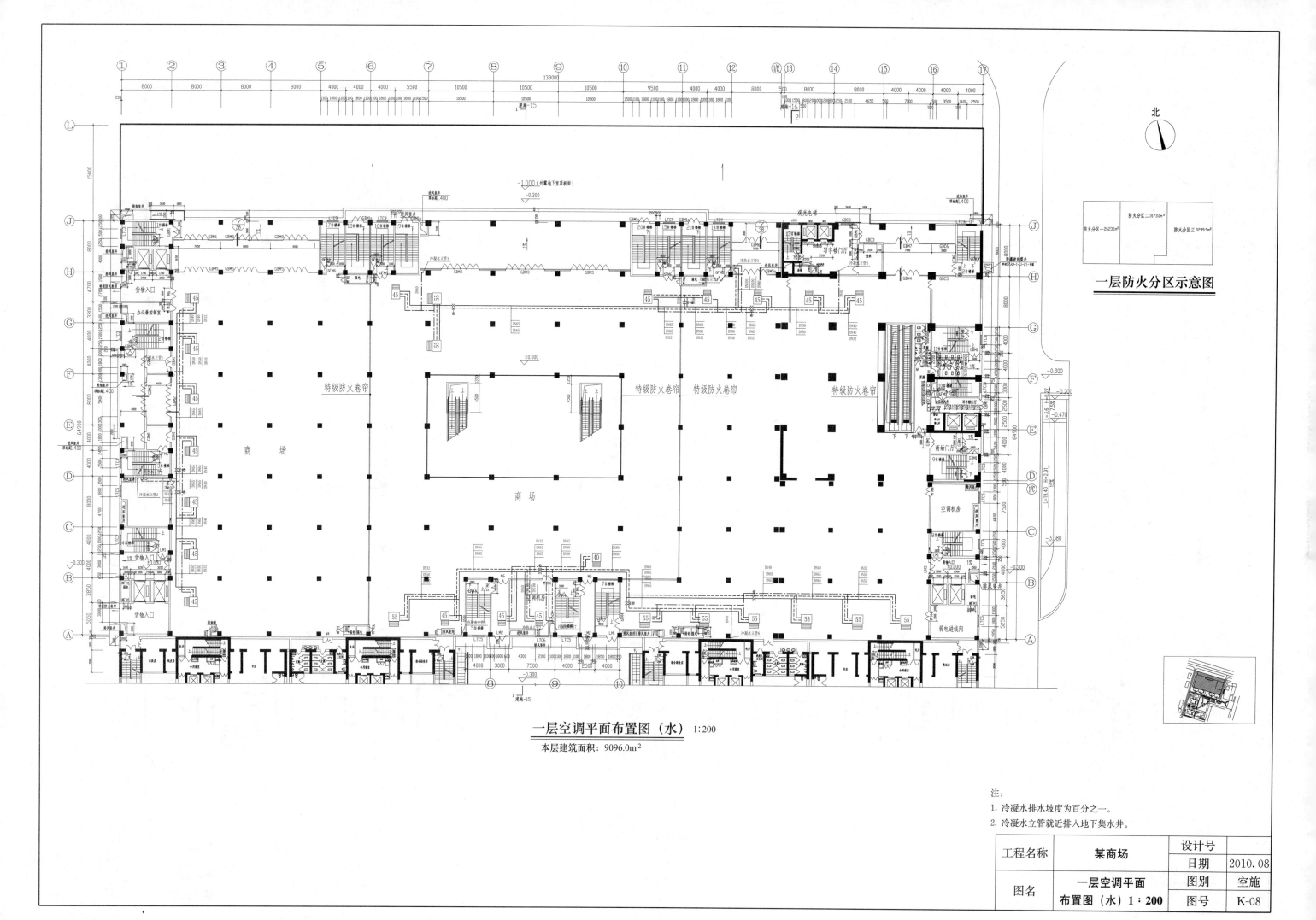

一层空调平面布置图（水） 1:200
本层建筑面积：9096.0m²

一层防火分区示意图

注：
1. 冷凝水排水坡度为百分之一。
2. 冷凝水立管就近排入地下集水井。

工程名称	某商场	设计号	
		日期	2010.08
图名	一层空调平面布置图（水）1：200	图别	空施
		图号	K-08

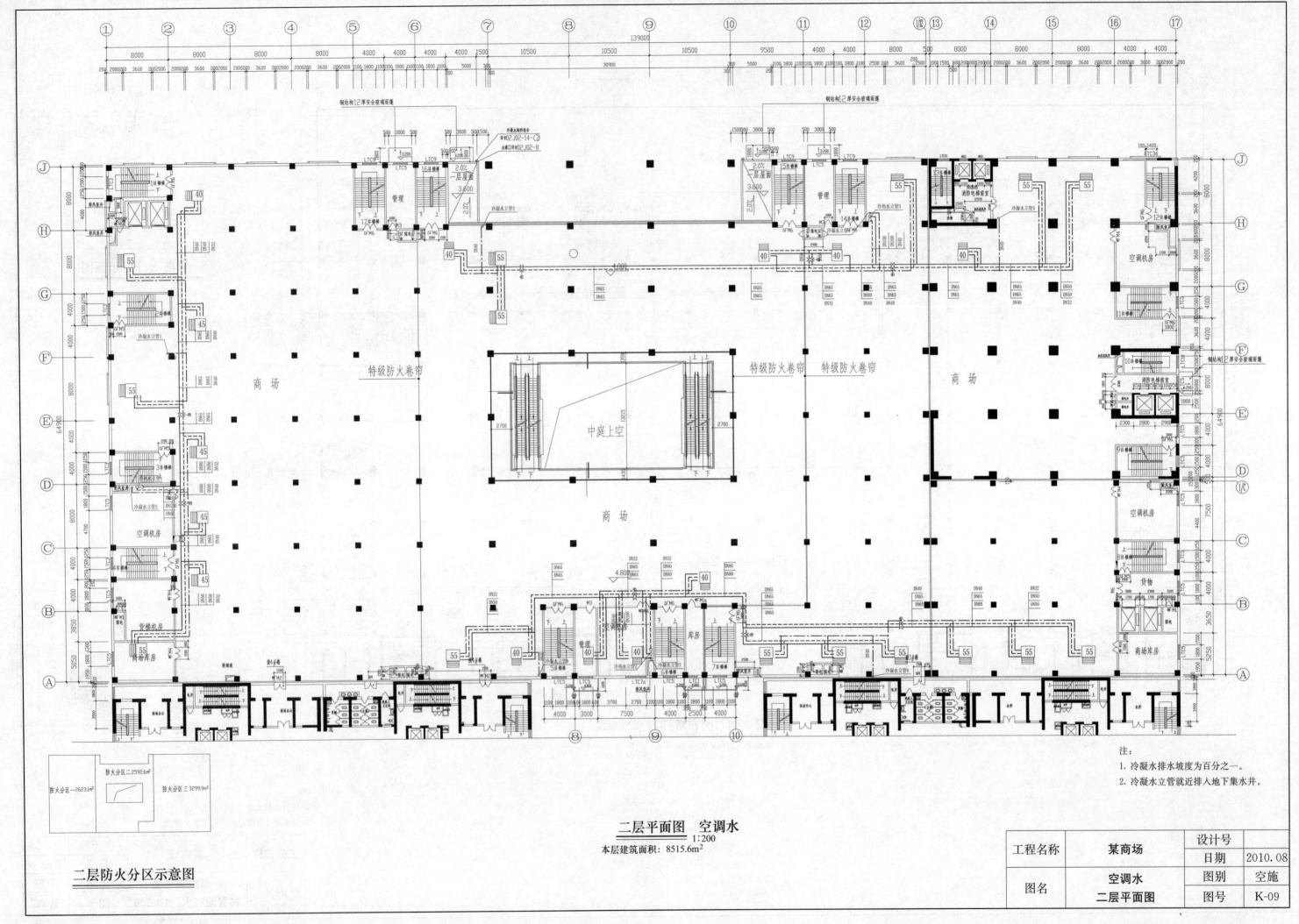

二层平面图　空调水
1:200
本层建筑面积：8515.6m²

二层防火分区示意图

防火分区二 2592.6m²
防火分区一 2623.1m²
防火分区三 3299.9m²

注：
1. 冷凝水排水坡度为百分之一。
2. 冷凝水立管就近排入地下集水井。

工程名称	某商场	设计号	
		日期	2010.08
图名	空调水 二层平面图	图别	空施
		图号	K-09

86

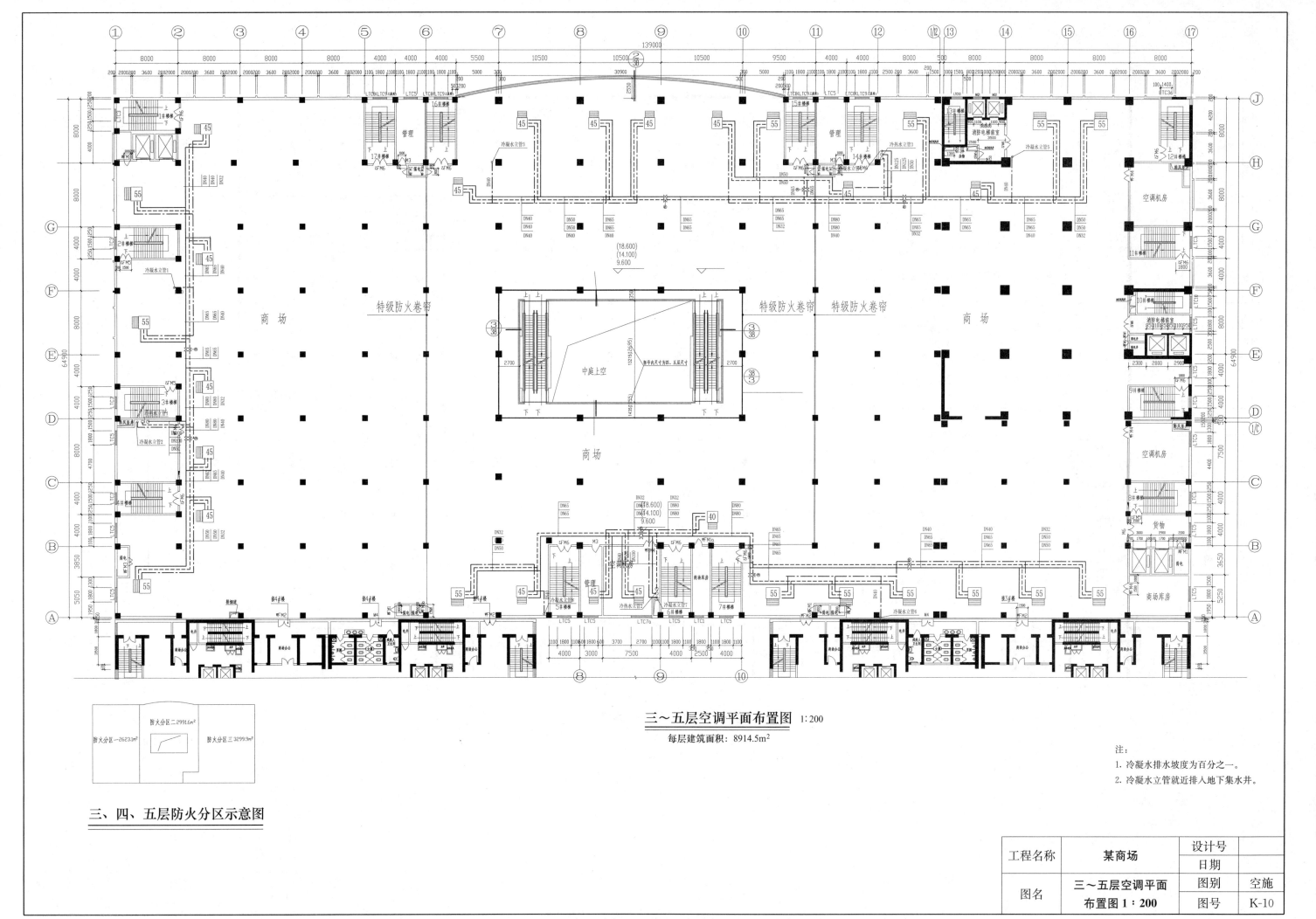

三～五层空调平面布置图 1:200

每层建筑面积: 8914.5m²

三、四、五层防火分区示意图

防火分区二 2991.6m²
防火分区一 2623.1m²
防火分区三 3299.9m²

注:
1. 冷凝水排水坡度为百分之一。
2. 冷凝水立管就近排入地下集水井。

工程名称	某商场	设计号	
		日期	
图名	三～五层空调平面	图别	空施
	布置图 1:200	图号	K-10

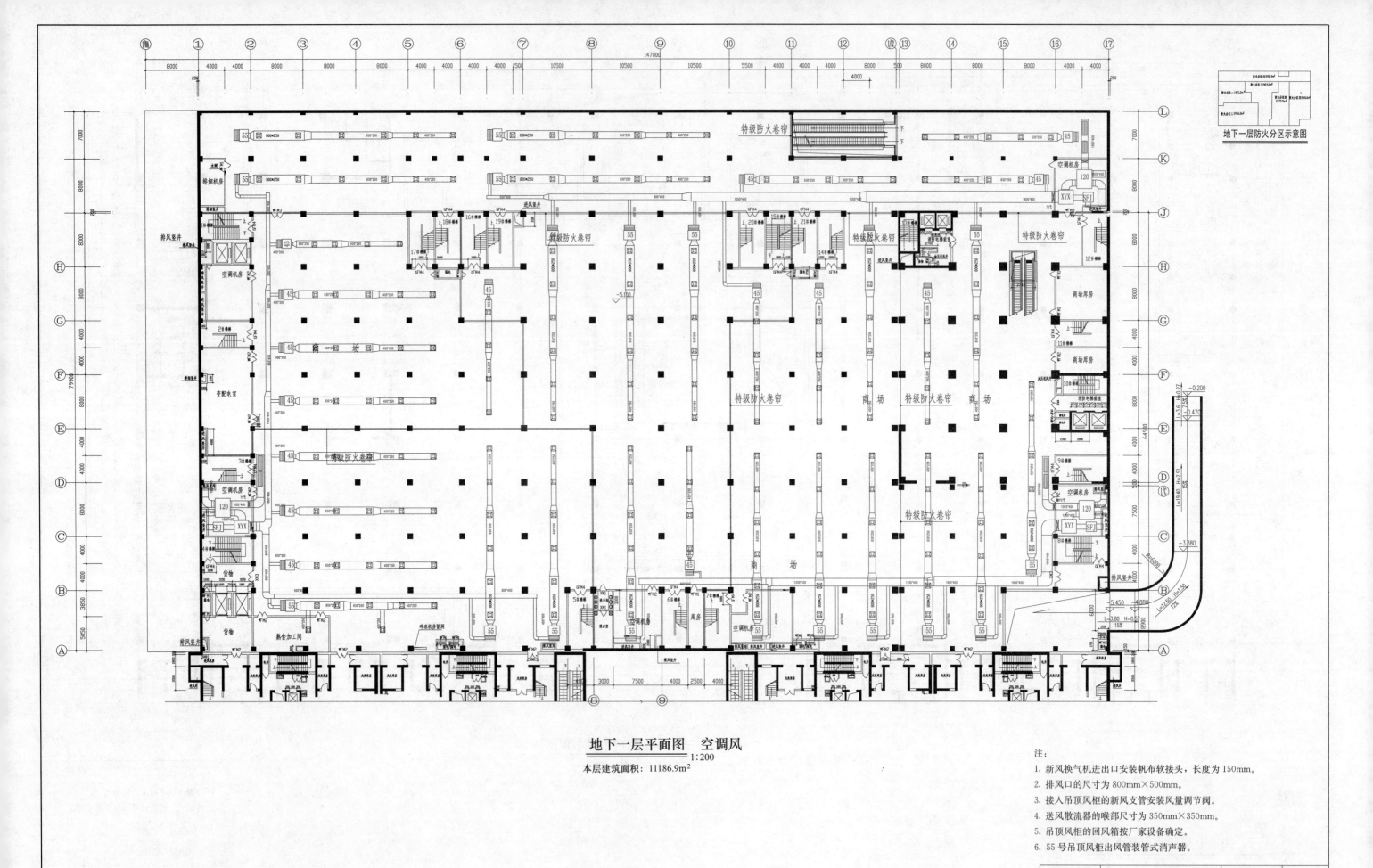

地下一层平面图　空调风
1:200
本层建筑面积：11186.9m²

注：
1. 新风换气机进出口安装帆布软接头，长度为150mm。
2. 排风口的尺寸为800mm×500mm。
3. 接入吊顶风柜的新风支管安装风量调节阀。
4. 送风散流器的喉部尺寸为350mm×350mm。
5. 吊顶风柜的回风箱按厂家设备确定。
6. 55号吊顶风柜出风管装管式消声器。

工程名称	某商场	设计号	
		日期	2010.08
图名	空调风	图别	空施
	地下一层平面图	图号	K-03

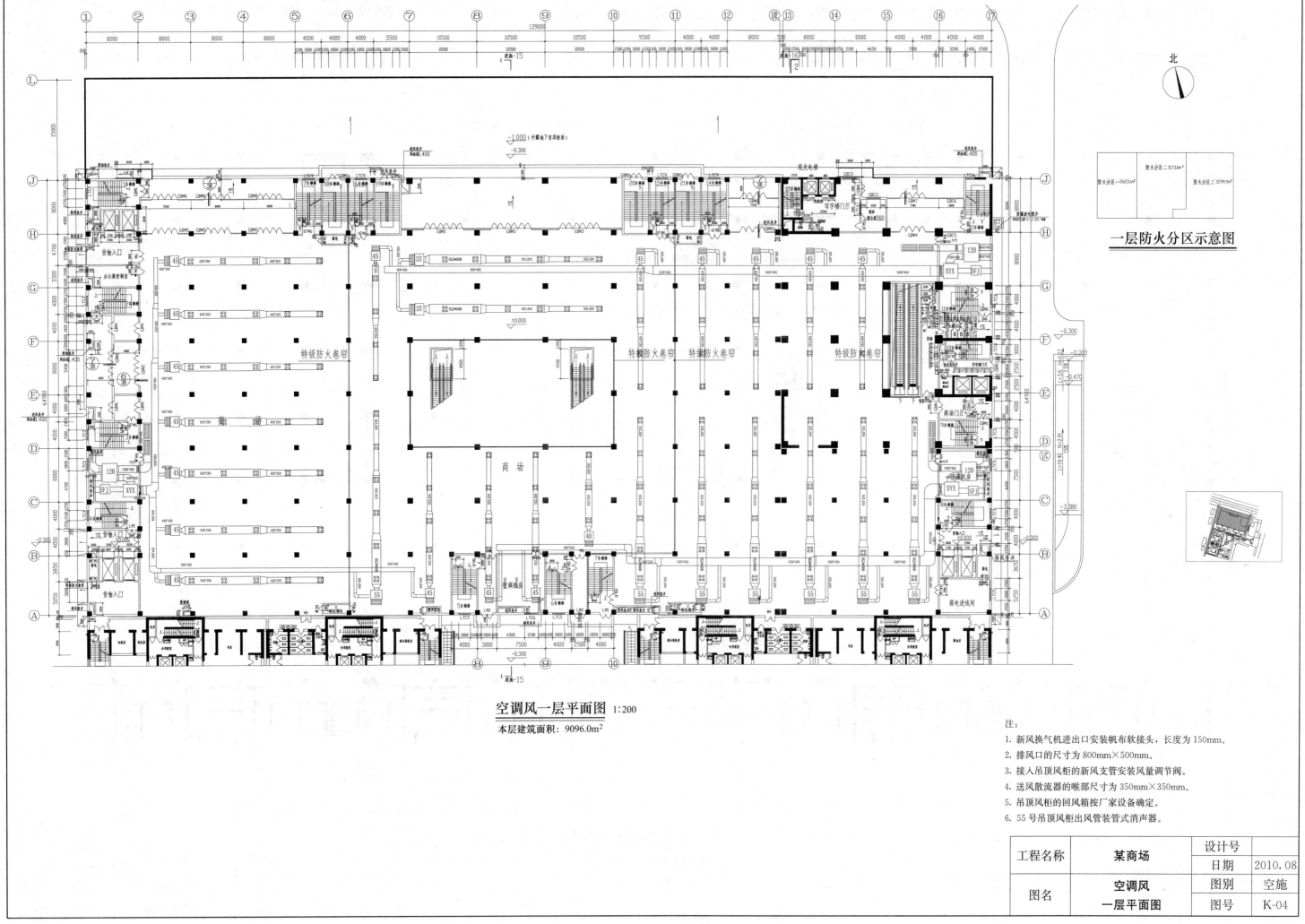

空调风一层平面图 1:200

本层建筑面积：9096.0m²

一层防火分区示意图

注：
1. 新风换气机进出口安装帆布软接头，长度为150mm。
2. 排风口的尺寸为800mm×500mm。
3. 接入吊顶风柜的新风支管安装风量调节阀。
4. 送风散流器的喉部尺寸为350mm×350mm。
5. 吊顶风柜的回风箱按厂家设备确定。
6. 55号吊顶风柜出风管装管式消声器。

工程名称	某商场	设计号	
		日期	2010.08
图名	空调风一层平面图	图别	空施
		图号	K-04

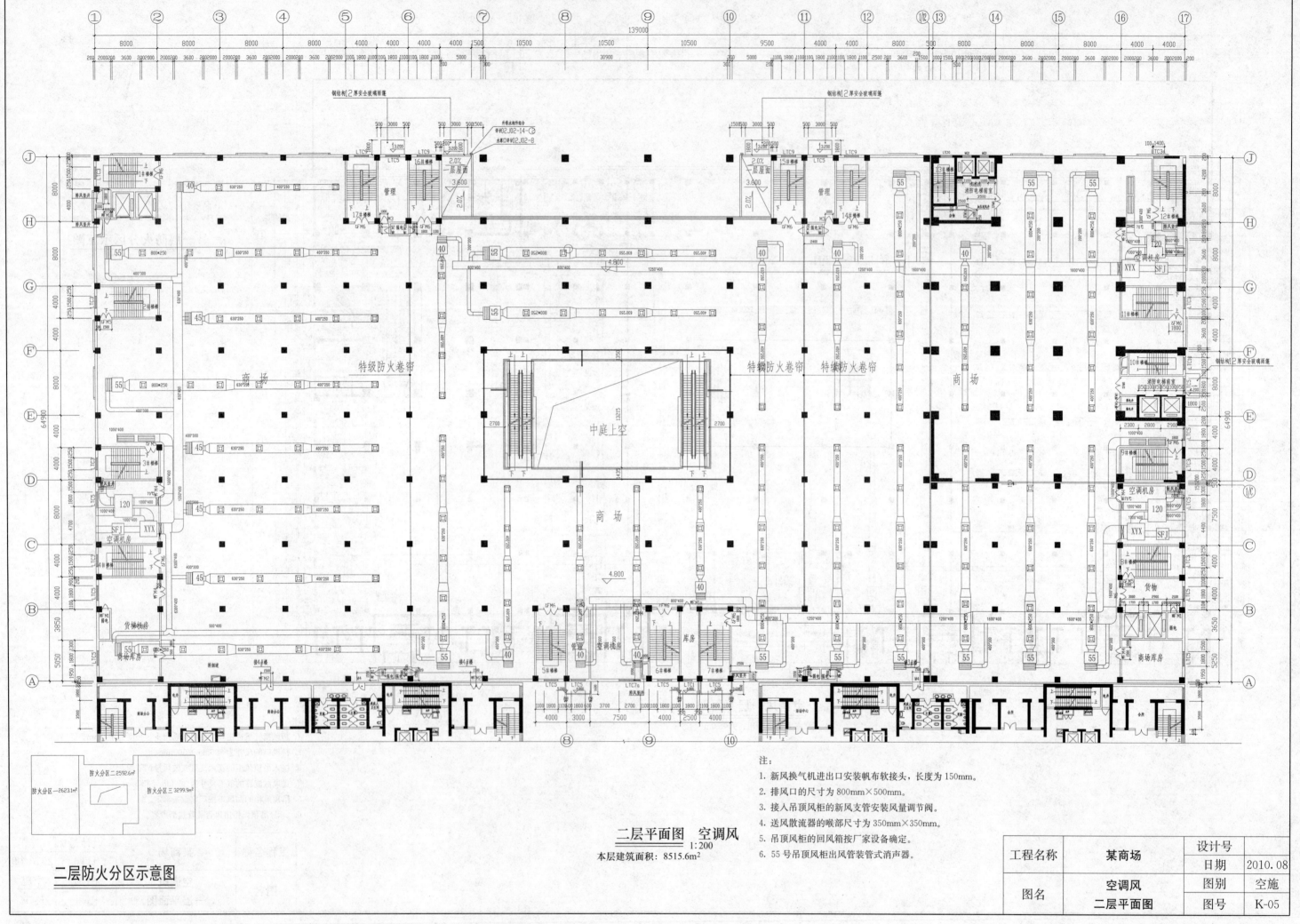

注：
1. 新风换气机进出口安装帆布软接头，长度为150mm。
2. 排风口的尺寸为800mm×500mm。
3. 接入吊顶风柜的新风支管安装风量调节阀。
4. 送风散流器的喉部尺寸为350mm×350mm。
5. 吊顶风柜的回风箱按厂家设备确定。
6. 55号吊顶风柜出风管装管式消声器。

二层平面图　空调风
1:200
本层建筑面积：8515.6m²

二层防火分区示意图

防火分区一 2623.1m²
防火分区二 2592.6m²
防火分区三 3299.9m²

中庭上空

商场

特级防火卷帘　特级防火卷帘

特级防火卷帘

空调机房

货物

商场库房

管理

库房

货物库房

空调机房

工程名称	某商场	设计号	
		日期	2010.08
图名	空调风 二层平面图	图别	空施
		图号	K-05

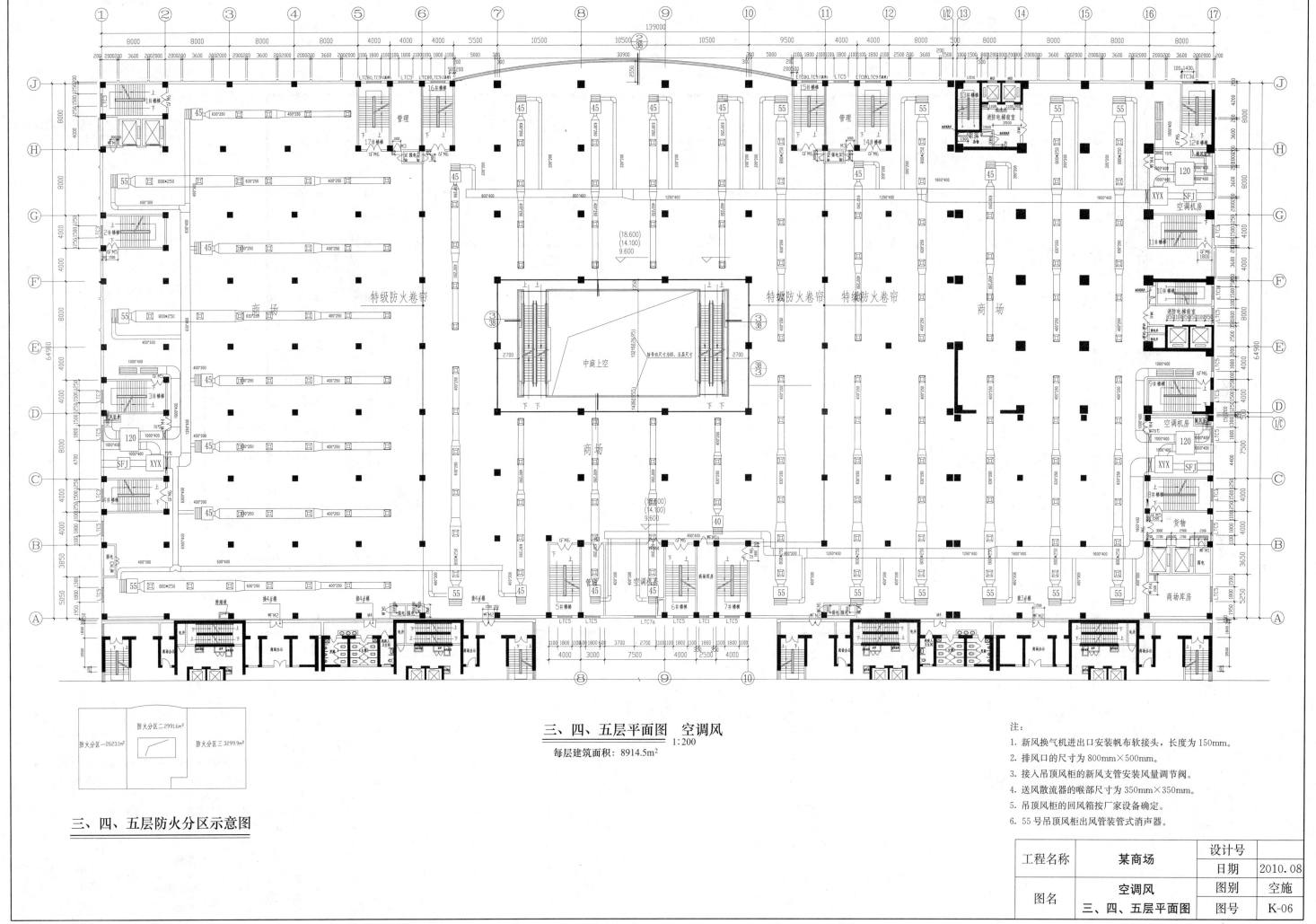

三、四、五层平面图 空调风
1:200

每层建筑面积：8914.5m²

三、四、五层防火分区示意图

注：
1. 新风换气机进出口安装帆布软接头，长度为150mm。
2. 排风口的尺寸为800mm×500mm。
3. 接入吊顶风柜的新风支管安装风量调节阀。
4. 送风散流器的喉部尺寸为350mm×350mm。
5. 吊顶风柜的回风箱按厂家设备确定。
6. 55号吊顶风柜出风管装管式消声器。

工程名称	某商场	设计号	
		日期	2010.08
图名	空调风	图别	空施
	三、四、五层平面图	图号	K-06

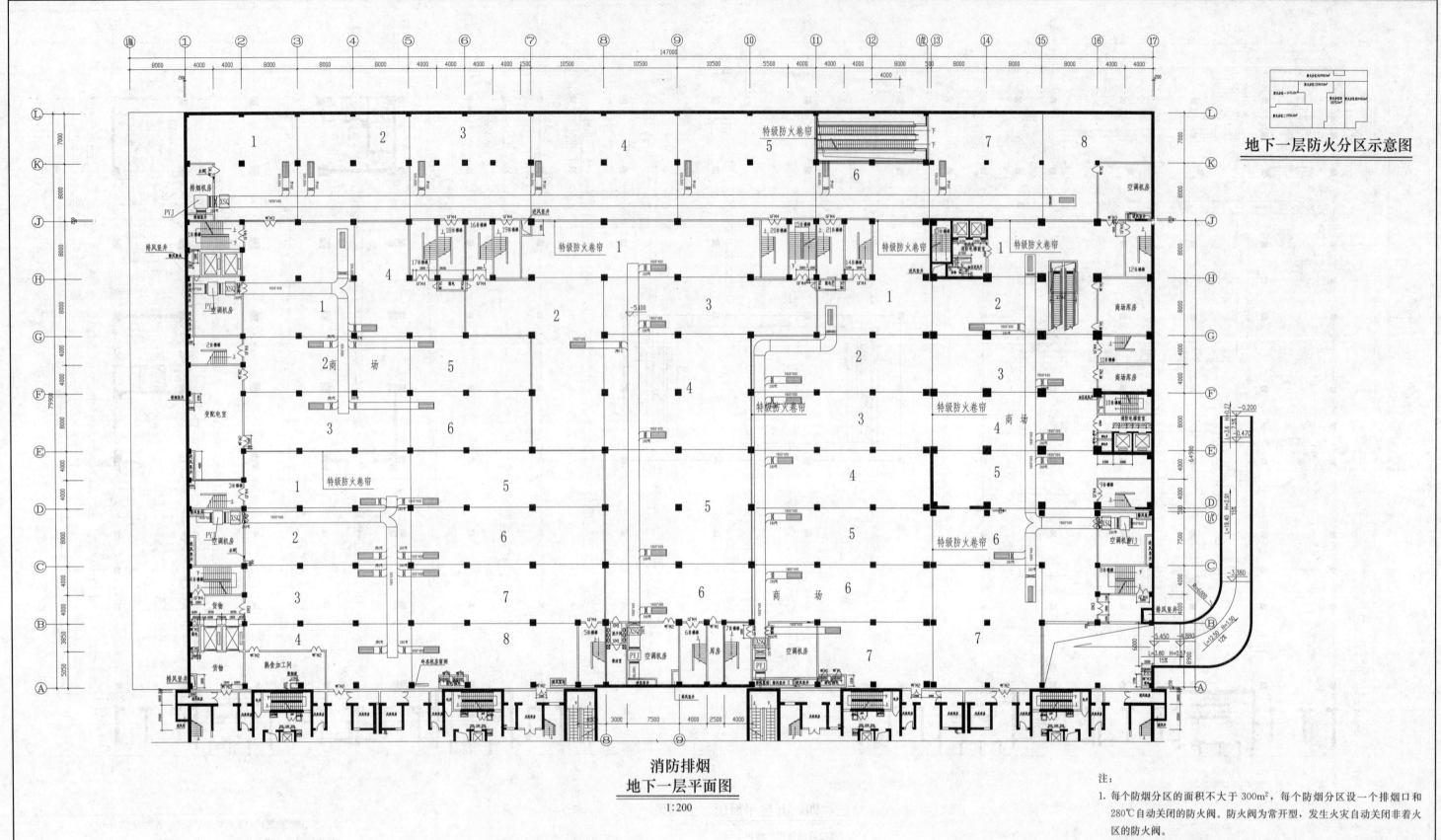

地下一层防火分区示意图

消防排烟
地下一层平面图
1:200

注:
1. 每个防烟分区的面积不大于300m²,每个防烟分区设一个排烟口和280℃自动关闭的防火阀。防火阀为常开型,发生火灾自动关闭非着火区的防火阀。
2. 排烟风机在过渡季节为平时排风,所有季节发生火灾时排烟,风管上的排烟防火阀为常开,发生火灾时电动关闭非着火区的防火阀。
3. 排烟风机出口安装阻抗复合式消声器,长度为1000m。
4. 排烟风机进出口安装不燃材料软接头,长度为150mm。
5. 排烟风口为铝合金百叶,尺寸为1600mm×800mm。

工程名称	某商场	设计号	
		日期	2010.08
图名	消防排烟 地下一层平面图	图别	空施
		图号	K-12

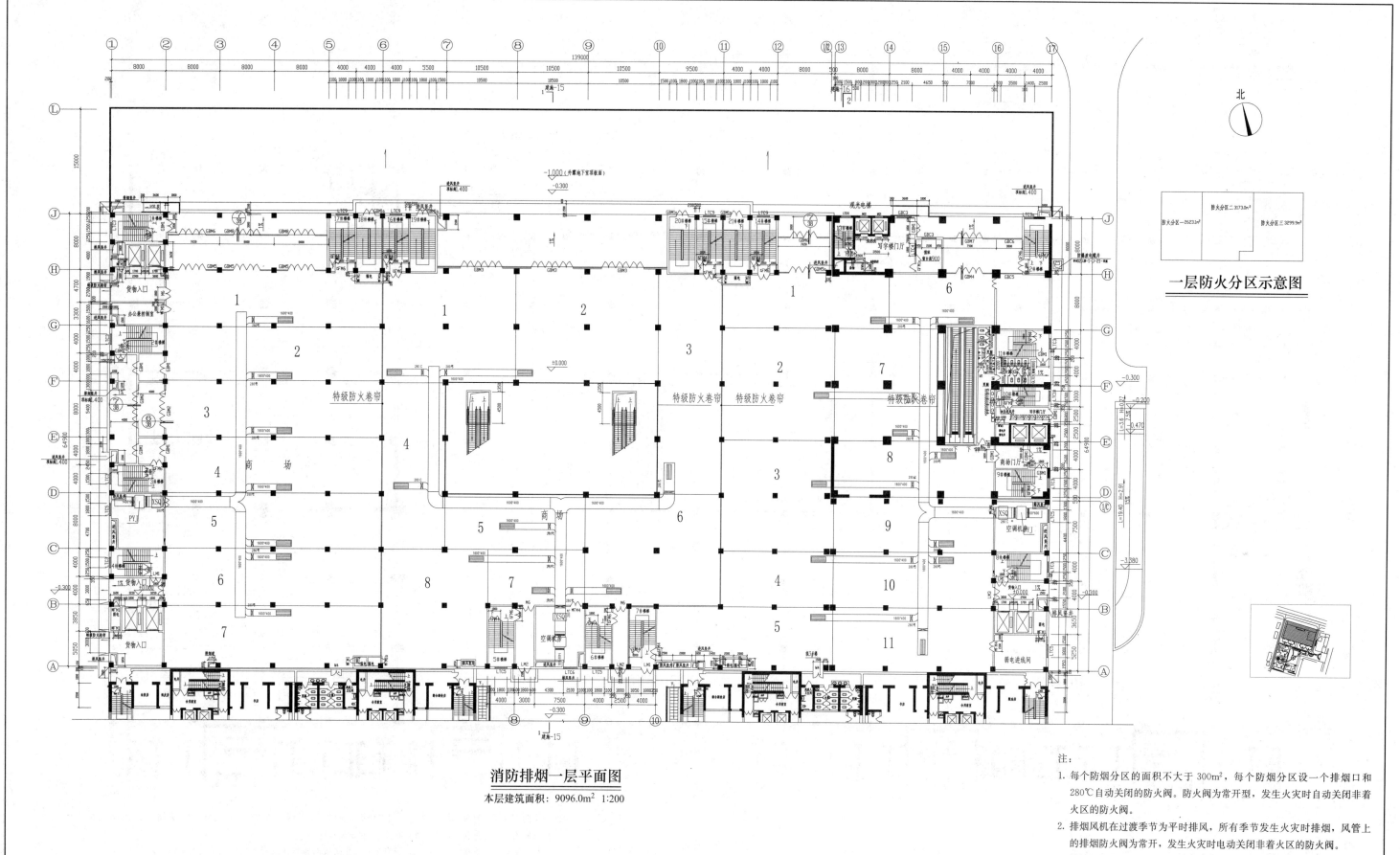

一层防火分区示意图

消防排烟一层平面图

本层建筑面积：9096.0m² 1:200

注：
1. 每个防烟分区的面积不大于300m²，每个防烟分区设一个排烟口和280℃自动关闭的防火阀。防火阀为常开型，发生火灾时自动关闭非着火区的防火阀。
2. 排烟风机在过渡季节为平时排风，所有季节发生火灾时排烟，风管上的排烟防火阀为常开，发生火灾时电动关闭非着火区的防火阀。
3. 排烟风机出口安装阻抗复合式消声器，长度为1000m。
4. 排烟风机进出口安装不燃材料软接头，长度为150mm。
5. 排烟风口为铝合金百叶，尺寸为1600mm×800mm。

工程名称	某商场	设计号	
		日期	2010.08
图名	消防排烟一层平面图	图别	空施
		图号	K-13

93

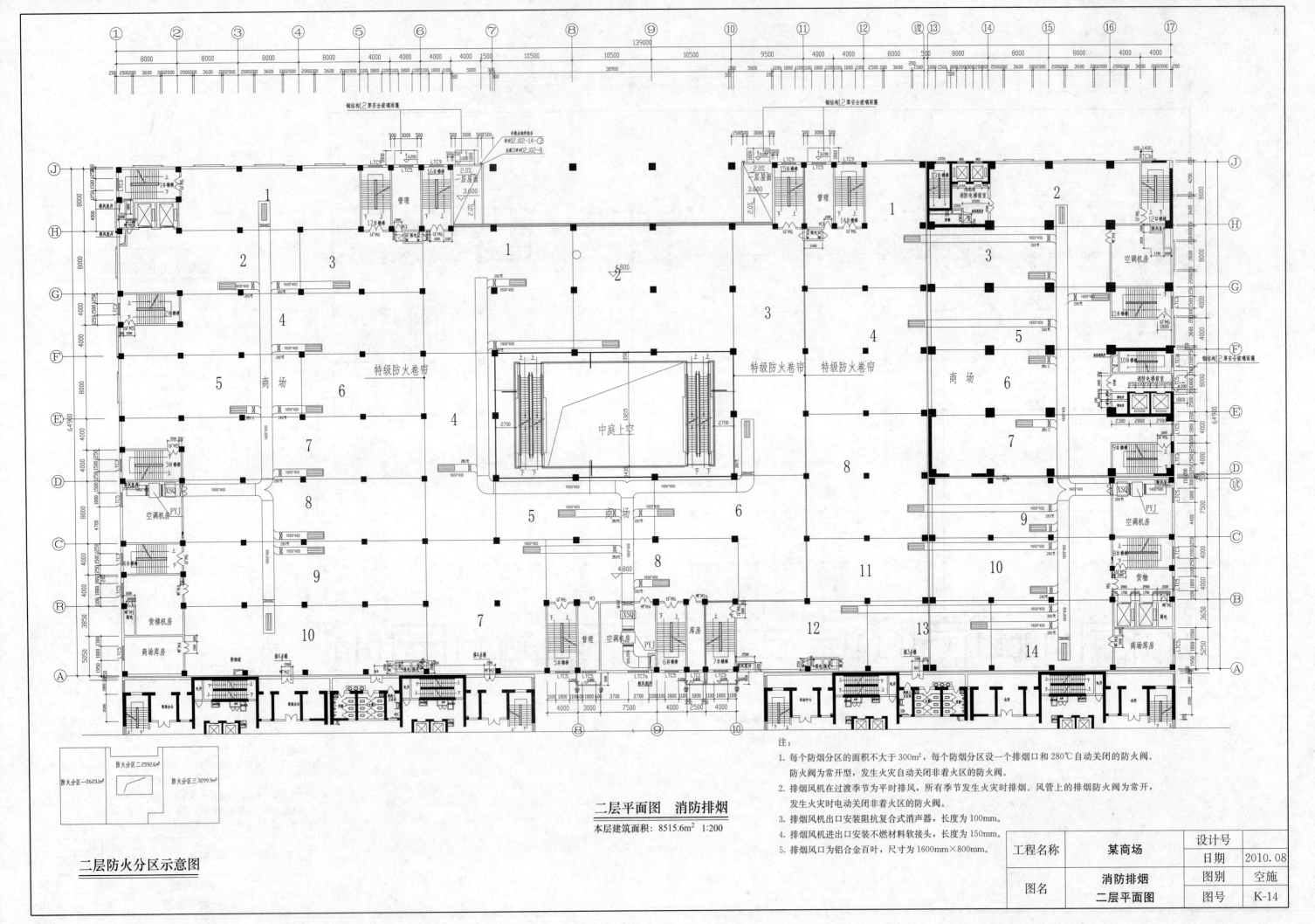

注:
1. 每个防烟分区的面积不大于300m²，每个防烟分区设一个排烟口和280℃自动关闭的防火阀。防火阀为常开型，发生火灾自动关闭非着火区的防火阀。
2. 排烟风机在过渡季节为平时排风，所有季节发生火灾时排烟。风管上的排烟防火阀为常开，发生火灾时电动关闭非着火区的防火阀。
3. 排烟风机出口安装阻抗复合式消声器，长度为100mm。
4. 排烟风机进出口安装不燃材料软接头，长度为150mm。
5. 排烟风口为铝合金百叶，尺寸为1600mm×800mm。

二层平面图 消防排烟
本层建筑面积：8515.6m² 1:200

二层防火分区示意图

防火分区一2623.1m²
防火分区二2592.6m²
防火分区三3299.9m²

工程名称	某商场	设计号	
		日期	2010.08
图名	消防排烟 二层平面图	图别	空施
		图号	K-14

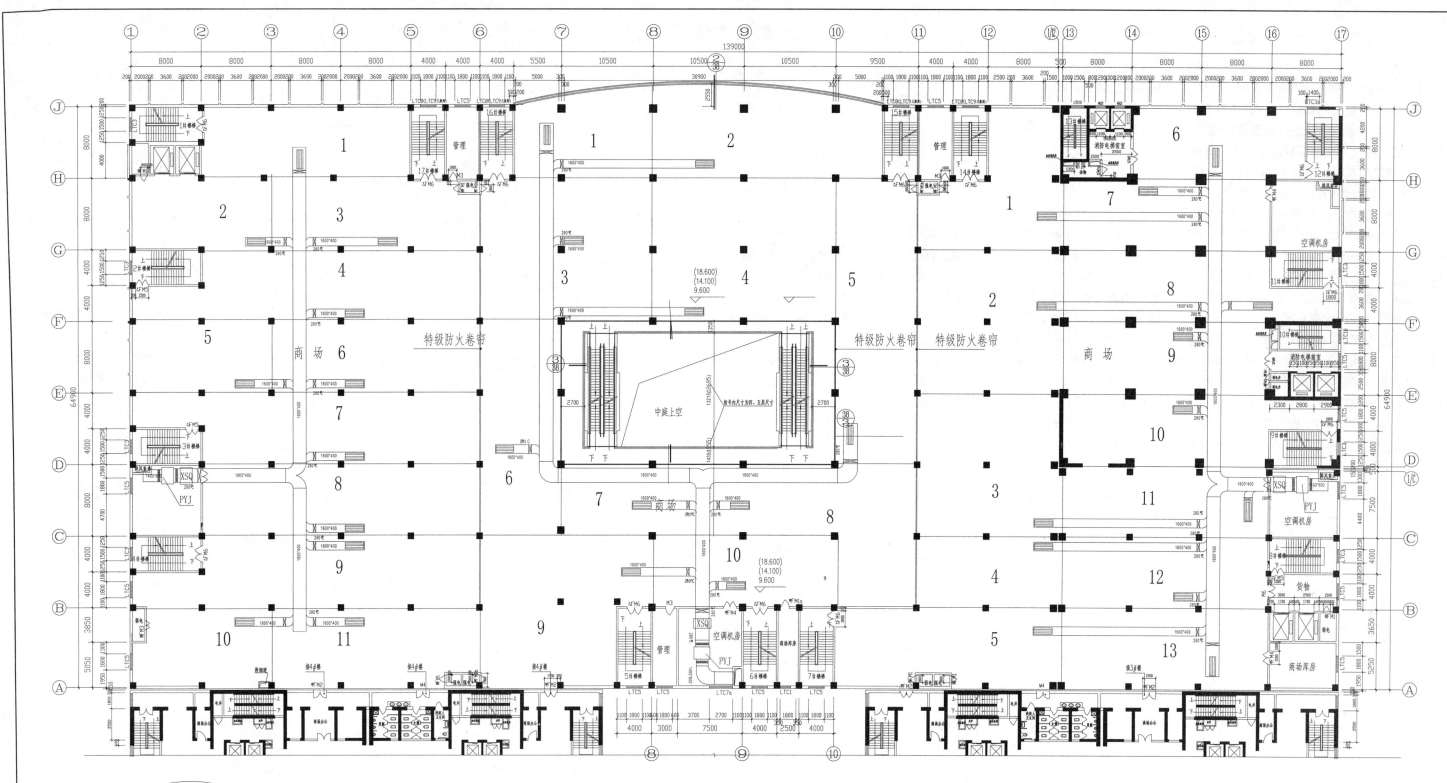

三、四、五层平面图 消防排烟

每层建筑面积：8914.5m² 1:200

三、四、五层防火分区示意图

防火分区二 2991.6m²
防火分区一 2623.1m²
防火分区三 3299.9m²

注：
1. 每个防烟分区的面积不大于300m²，每个防烟分区设一个排烟口和280℃自动关闭的防火阀。防火阀为常开型，发生火灾自动关闭非着火区的防火阀。
2. 排烟风机在过渡季节为平时排风，所有季节发生火灾时排烟，风管上的排烟防火阀为常开，发生火灾时电动关闭非着火区的防火阀。
3. 排烟风机出口安装阻抗复合式消声器，长度为100mm。
4. 排烟风机进出口安装不燃材料软接头，长度为150mm。
5. 排烟风口为铝合金百叶，尺寸为1600mm×800mm。

工程名称	某商场	设计号	
		日期	2010.08
图名	消防排烟 三、四、五层平面图	图别	空施
		图号	K-15

［1］　李志生主编. 中央空调设计与审图［M］. 机械工业出版社，2011

［2］　李志生主编. 中央空调施工与调试［M］. 机械工业出版社，2010

［3］　采暖通风与空气调节设计规范. GB 50019—2003

［4］　民用建筑供暖通风与空气调节设计规范. GB 50736—2012

［5］　《建筑工程设计文件编制深度规定》2008 版

［6］　公共建筑节能设计标准 GB 50189—2005

［7］　赵侠，郭颖. 办公建筑暖通节能设计［J］. 环保与节能. 2005（8）：56-59.

［8］　袁伦英，陈准. 宾馆客房空调节能设计刍议［J］. 广西城镇建设. 2008（8）：119-121.

［9］　张军，杜峰. 大型超市类建筑的能耗分析及节能研究［J］. 低温建筑技术. 2010，146（8）：112-113

［10］　张勇. 大中型商场空调设计中空调机组的合理选用［J］. 安徽建筑工业学院学报（自然科学版）. 1998：（6）2：62-64

［11］　胡世华，郑爱平. 地下商场与地上商场建筑空调节能分析研究［J］. 建筑节能. 2012，40（3）：5-10

［12］　郝斌，喻伟，李现辉. 酒店建筑用能特性及节能措施分析［J］. 重庆大学学报. 2011，34（3）：99-104

［13］　伍小亭. 暖通空调系统节能设计思考［J］. 暖通空调. 2012，42（7）：1-11.

［14］　耿健，张军晓，胡先霞. 谈高大空间建筑暖通空调设计［J］. 2003（3）：47-48.

［15］　项秉仁. 我国近年新建办公建筑的特点与问题［J］. 城市建筑. 2008（8）：7-8.

［16］　张春艳. 医疗建筑暖通空调设计实践［J］. 企业技术开发. 2011，30（24）：128-129

［17］　陈聪. 医院暖通空调系统的设计［J］. 制冷空调与电力机械. 2007，116（28）：44-48

［18］　李志生. 广州市20栋大型公共建筑能耗特征分析［J］. 建筑科学，2009，145（8）：34-38

［19］　李志生，李建东. 广州电力调度大楼供暖与空调设计［J］. 暖通空调，2003，33（3）：72-78